石油和化学工业HSE丛书

华安HSE问答

第四册

电仪安全

李 威 ◎主编

王玉虎 冯曙光 杨海军 ◎副主编

HEALTH SAFETY
ENVIRONMENT

化学工业出版社

·北京·

内容简介

"石油和化学工业HSE丛书"由中国石油和化学工业联合会安全生产办公室组织编写，是一套为石油化工行业从业者倾力打造的专业知识宝典，分为华安HSE问答综合安全、工艺安全、设备安全、电仪安全、储运安全、消防应急6个分册，共约1000个热点、难点问题。本电仪安全分册设置了8章，甄选242个热点问题，全面覆盖电气综合管理、电缆线路管理、电气防爆管理、接地与静电跨接、仪表综合管理、集散控制系统、安全仪表系统、气体检测报警系统等安全关键要素，为电气、仪表以及综合电仪管理提供全方位解决方案。

无论是石油化工一线生产和管理人员、设计人员，还是政府及化工园区监管人员，都能从这套丛书中获取有价值的专业知识与科学指导，以此赋能安全管理升级，护航行业行稳致远。

图书在版编目（CIP）数据

华安HSE问答．第四册，电仪安全 / 李威主编 ；王玉虎，冯曙光，杨海军副主编．--北京 ： 化学工业出版社，2025．5（2025．7 重印）．--（石油和化学工业HSE丛书）．-- ISBN 978-7-122-47724-8

Ⅰ．TE687-44

中国国家版本馆CIP数据核字第2025MA9019号

责任编辑：张　艳　宋湘玲　　　　　　装帧设计：王晓宇
责任校对：王　静

出版发行：化学工业出版社
　　　　　（北京市东城区青年湖南街13号　邮政编码100011）
印　　装：北京云浩印刷有限责任公司
710mm×1000mm　1/16　印张14½　字数228千字
2025年7月北京第1版第2次印刷

购书咨询：010-64518888　　　　　　售后服务：010-64518899
网　　址：http://www.cip.com.cn
凡购买本书，如有缺损质量问题，本社销售中心负责调换。

定　　价：98.00元　　　　　　　　　版权所有　违者必究

"石油和化学工业 HSE 丛书" 编委会

主　任：李　彬

副主任：庄相宁　查　伟　栾炳梅

委　员（按姓名汉语拼音排序）：

本分册编写人员名单

主　编：李　威

副主编：王玉虎　冯曙光　杨海军

编写人员（按姓名汉语拼音排序）：

蔡明锋	陈　明	崔远海	范咏峰	范云栋	冯曙光
郭　伟	郝　媛	何　龙	贺　涛	胡平杰	黄　彬
黄金占	季涛涛	贾玉霞	李　威	梁　涛	梁宇钊
林洪俊	林振远	刘昊旻	刘　杰	刘康琼	刘　齐
刘　涛	马开连	马正桥	潘　蕊	秦沁龙	邱敬敏
史红喜	司少峰	宋潇漪	孙长波	孙玉龙	王　丹
王　晶	王许红	王玉虎	王　云	阎锁岐	杨海军
杨绍军	杨　韬	杨文海	易　聪	俞勤忠	郁　娟
张　芜	周海峰	周鸿力	朱福航		

在全面建设社会主义现代化国家的新征程上，习近平总书记始终将安全生产作为民生之本、发展之基、治国之要。党的二十大报告明确指出"统筹发展和安全"，为新时代石油化工行业安全生产工作指明了根本方向。

当前我国石化行业正处于转型升级的关键期，面对世界百年未有之大变局，安全生产工作肩负着新的历史使命。一方面，行业规模持续扩大、技术迭代加速带来新风险挑战；另一方面，人民群众对安全发展的期盼更加强烈，党中央对安全生产的监管要求更加严格。这要求我们必须以习近平新时代中国特色社会主义思想为指导，深入贯彻落实党的二十大精神，把党的领导贯穿安全生产全过程，以党建引领筑牢行业安全发展根基。

中国石油和化学工业联合会作为行业的引领者，始终以高度的使命感和责任感，将"推动行业 HSE 自律"作为首要任务，积极引导行业践行责任关怀。我们深刻认识到，提升行业整体安全管理水平，不仅是我们义不容辞的重要职责，更是我们对社会、对广大从业者应尽的庄严责任。

多年来，我们在行业自律与公益服务方面持续发力，积极搭建交流平台，组织各类公益培训与研讨会，凝聚行业力量，共同应对安全挑战。我们致力于传播先进的安全理念和管理经验，推动企业间的互帮互助与共同进步。同时，我们积极组织制定行业标准规范，引导企业自觉遵守安全法规，提升自律意识。

为了更好地服务行业，我们组织专家团队，历时五年精心打造了"石油和化学工业 HSE 丛书"。该丛书涵盖 6 个专业分册，覆盖石油化工各领域热点、难点和共性问题，通过系统、全面且深入的解答，为行业提供了极具价值的参考。

这套丛书是中国石油和化学工业联合会在引导行业安全发展方面的重要里程碑式成果，也是众多专家多年智慧与心血的璀璨结晶。它不仅能够切实帮助从业者提升专业素养，增强应对安全问题的能力，也必将有力推动行业整体安全管理水平实现质的飞跃。

新时代赋予新使命，新征程呼唤新担当。希望全行业以丛书出版为契机，充分发掘和利用这套丛书的价值，深入学习贯彻习近平总书记关于安全生产的重要指示精神，坚持用党的创新理论武装头脑，把党的领导落实到安全生产各环节。让我们以"时时放心不下"的责任感守牢安全底线，以"永远在路上"的坚韧执着提升安全管理水平，共同谱写石化行业安全发展新篇章，为建设世界一流石化产业体系、保障国家能源安全作出新的更大贡献！

中国石油和化学工业联合会党委书记、会长

李云鹏

2025 年 5 月 4 日

在石油和化学工业的发展进程中，安全生产始终是悬于头顶的达摩克利斯之剑，关乎着行业的兴衰成败，更与无数从业者的生命福祉紧密相连。

近年来，随着社会对安全问题的关注度达到空前高度，安全监管力度也在持续强化。在这一背景下，化工作为高危行业，承受着巨大的安全管理压力。各类安全检查密集开展，安全标准如潮水般不断涌现，行业企业应接不暇，更面临诸多困惑与挑战。尤其是在安全检查的实际执行过程中，专家队伍专业能力参差不齐，以及对安全标准理解和执行存在差异，导致检查效果大打折扣，引发了一系列争议，也在一定程度上影响了正常的生产经营活动。

中国石油和化学工业联合会安全生产办公室肩负着推动行业安全生产进步的重要使命，始终密切关注行业企业的诉求。自 2020 年起，我们积极搭建交流平台，依托 HSE 专家库组建了"华安 HSE 智库"微信群，汇聚了来自行业内的 7000 余位专家精英。大家围绕 HSE 领域的热点、难点及共性问题，定期开展线上研讨交流，在思维的碰撞与交融中，不断探寻解决问题的有效途径。

专家们将研讨成果精心梳理、提炼，以"华安 HSE 问答"的形式在中国石油和化学工业联合会安全生产办公室微信公众号上发布，至今已推出 230 多期。这些问答以其深刻的技术内涵和强大的实用性，受到了行业内的广泛赞誉，为从业者提供了宝贵的参考和指引。然而，随着时间的推移和行业的快速发展，这些问答逐渐暴露出内容较为分散，缺乏系统性的知识架构，检索和学习不便以及部分法规标准滞后等问题。

为紧密契合石油和化学工业蓬勃发展的需求，我们精心组建了一支阵容强大、经验丰富的专家团队。经过长达五年的精雕细琢，正式推出"石油和化学工业 HSE 丛书"。这套丛书共分为 6 个分册，涵盖了综合安全、工艺安全、设备安全、电仪安全、储运安全以及消防应急的各个专业安全层面，是行业内众多资深专家潜心研究的智慧结晶，不仅反映了当今石油化工安全领域的最新理论成果与良好实践，更填补了国内石化安全系统化知识库的空白，开创了"问题导向—实战解析—标准迭代"的新型知识生产模式。丛书采用问答形式，内容简明扼要、依据充分、实用性强、查阅便捷，既可作为企业主要负责人、安全管理人员的案头工具书，也可为现场操作人员提供"即查即用"的操作指南，对当前石油化工安全管理实践具有重要指导意义。

其中，本电仪安全分册作为丛书中的重要组成部分，设置了 8 章，精心选取了 242 个热点问题，全面覆盖电气综合管理、电缆线路管理、电气防爆管理、接地与静电跨接、仪表综合管理、集散控制系统、安全仪表系统、气体检测报警系统等安全关键要素。通过深入浅出的问答解析，为石油化工行业的电仪安全工程设计与实践操作提供了切实可行的全方位解决方案。

本丛书亮点突出，特色鲜明：一是严格遵循"三管三必须"原则，深度聚焦安全专业建设与专业安全管理，以系统性的阐述推动全员安全生产责任制的全面落实。从石油化工领域的基础原理到复杂工艺，从常规设备到特殊装置，内容全面且系统，几乎涵盖了石油化工各专业可能面临的安全问题，为安全生产提供全方位的技术支撑。二是具备极强的实用性。紧密贴合石油化工行业实际工作需求，精准直击日常工作中的痛点与难点，以通俗易懂的语言答疑解惑，让从业者能够轻松理解并运用到实际操作中，切实提升安全管理与操作执行水平。三是充分反映行业最新监管要求、标准规范以及实践经验，为读者提供最前沿、最可靠的安全知识。

我们坚信，"石油和化学工业 HSE 丛书"的出版，将为石油化工行业的安全生产管理注入新的活力，助力大家提升专业素养和实践能力。同时，由于编者学识所限，书中难免存在疏漏与不当之处，我们真诚地希望行业内的专家和广大读者能够对本书提出宝贵的意见和建议，以便我们不断完善和改进。

最后，向所有参与本丛书编写、审核和出版工作的人员表示衷心的感谢。正是因为他们的辛勤付出和无私奉献，这套丛书才得以顺利与大家见面。我们期待着本丛书能够成为广大石油化工领域从业者的良师益友，在行业安全发展的道路上发挥重要的灯塔引领作用，为推动石油和化学工业的安全、可持续发展贡献力量。

编写组

2025 年 3 月

免责声明

　　本书系中国石油和化学工业联合会 HSE 智库专家日常研讨成果的总结。书中所有问题的解答仅代表专家个人观点，与任何监管部门立场无关。

　　书中所引用的标准条款，是基于专家的日常工作经验及对标准的理解整理而成，旨在为使用者日常工作提供参考。鉴于实际工作场景的多样性与复杂性，使用者应依据具体情况，审慎选择适用条款。

　　需特别注意的是，相关标准与政策处于持续更新变化之中，使用者务必选用最新版本的法规标准，以确保工作的合规性与准确性。

　　本书最终解释权归中国石油和化学工业联合会安全生产办公室所有。中国石油和化学工业联合会对任何机构或个人因引用本书内容而产生的一切责任与风险，均不承担任何法律责任。

目录 CONTENTS

第六章　集散控制系统（DCS） ……………………………… 135

第一章

电气综合管理

统筹电气全流程，从设备运维到操作规范，全方位构建稳定供电体系。

——华安

问 **1** 电气专业执行的"三三二五"制有哪些内容？出处是哪里？

答： 经查阅，目前国家（或行业）规范或标准中没有对"三三二五"制的要求，"三三二五"制是在电气管理领域长期实践和经验总结中逐渐形成并广泛应用的一套管理规范。"三三二五"制最早出自中石化，后来中石油、中化等央企也采纳执行，随之在石化行业普遍参照执行。相关参考如下：

‹ 参考1 《国家安全监管总局关于印发危险化学品企业事故隐患排查治理实施导则的通知》（安监总管三〔2012〕103号）

附件5 电气系统隐患排查表：一、电气安全管理

企业应建立、健全电气安全管理制度和台账。

三图：系统模拟图、二次线路图、电缆走向图；

三票：工作票、操作票、临时用电票；

三定：定期检修、定期试验、定期清理；

五规程：检修规程、运行规程、试验规程、安全作业规程、事故处理规程；

五记录：检修记录、运行记录、试验记录、事故记录、设备缺陷记录。

‹ 参考2 《10kV及以上电力用户变电站运行管理规范》（GB/T 32893—2016）

第4.2条 用户应建立现场运行规程及管理制度，参见附录A。

附录A.1 变电站现场运行规程及管理制度：a）变电站现场运行规程；b）运行岗位责任制度；c）工作票、操作票管理制度；d）交接班制度；e）设备巡回检查制度；f）设备定期试验轮换制度；g）设备缺陷管理制度；h）设备验收制度；i）设备运行分析、状态评价制度；j）应急管理制度；k）防误闭锁管理制度；l）变电站外来人员管理制度；m）培训制度；n）安全保卫制度；o）资料管理制度。

‹ 参考3 《电力用户供配电设施运行维护规范》（GB/T 37136—2018）

‹ 参考4 《高压电力用户用电安全》（GB/T 31989—2015）

第8.2.2条 用户应建立运行管理制度，包括：a）工作票、操作票管理；b）值班管理；c）门禁管理；d）巡视检查；e）设备验收；f）设备缺陷及故障管理；g）运行维护；h）运行分析；i）设备预防性试验；j）其他。

‹ 参考5 《用电安全导则》（GB/T 13869—2017）

‹ 参考6 《用电检查规范》（GB/T 43456—2023）

‹ **参考7** 《变电站运行导则》（DL/T 969—2005）

小结： 国家（或行业）规范或标准中没有对"三三二五"制的要求，"三三二五"制是在电气管理领域长期实践和经验总结中逐渐形成并广泛应用的一套管理规范。"三三二五"制通常指"三图""三票""三定""五规程""五记录"。

问 **2** 电动工具分类参考什么标准？

答： 可以参考以下标准：

‹ **参考1** 《国家电气设备安全技术规范》（GB 19517—2023）

第5.2条　a）电击防护设计类别应符合以下规定：

1）0类设备，依靠基本绝缘进行防电击保护，即在易接近的导电部分（如果有的话）和产品固定布线中的保护导体之间没有连接措施，在基本绝缘损坏的情况下便依赖于周围环境进行保护的产品；

2）Ⅰ类设备：不仅依靠基本绝缘进行防电击保护，而且还包括一个附加的措施，即把易导电部分连接到产品固定布线中的保护（接地）导线上，使易触及导电部分在基本绝缘失效时，也不会成为带电部分的产品；

3）Ⅱ类设备，不仅依靠基本绝缘进行防电击保护，而且还包括附加的安全措施（例如双重绝缘或加强绝缘），但对保护接地或依赖设备条件未作规定的产品；

4）Ⅲ类设备，依靠安全特低电压供电进行防电击保护，而且在其中产生的电压不会高于安全特低电压的产品。

‹ **参考2** 《电击防护　装置和设备的通用部分》（GB/T 17045—2020/IEC 61140：2016）

第7.1条　用电设备应按照7.2～7.5的类别进行分类。7.2～7.5中规定了不同类别设备中所采用的防护措施。

第7.2条　0类设备：这类设备采用基本绝缘作为基本防护措施，而没有故障防护措施。0类设备仅用于对地电压不超过150V，用软线和插头连接的设备。无论如何产品委员会宜在其标准中删除0类设备。

第7.3条　Ⅰ类设备：这种设备至少采用一种规定作为基本防护，且采用连接保护导体作为故障防护措施。

第7.4条　Ⅱ类设备，采用作为基本防护规定的基本绝缘；和作为故障防护规定的附加绝缘；或能提供基本防护和故障防护功能的加强绝缘。

第 7.5 条　Ⅲ类设备，该设备将电压限制到特低电压（ELV）值作为基本防护的规定，而没有故障防护的规定。

小结： 电动工具分类参考 GB 19517—2023、GB/T 17045—2020 等相关标准。

问 3　重大危险源是否要求双回路供电？

答： 重大危险源与是否双回路供电没有直接关系，重大危险源的仪表自控系统属于一级负荷中特别重要的负荷，与重大危险源相关的其他动力设备配电建议参考《供配电系统设计规范》（GB 50052—2009）第 3.0.1 条定性分析负荷等级，从而判断是否需要双回路供电。

小结： 重大危险源与双回路供电无直接关系。

问 4　作为仪表电源的 UPS（不间断电源）应具备多长的供电时间？

答： 不小于 30min。参考依据如下：

　参考 1　《仪表供电设计规范》（HG/T 20509—2014）

第 7.1.3 条　（交流不间断电源）后备电池的供电时间：不小于 30min。

第 7.2.5 条　直流 UPS 的技术指标，应符合下列要求：1 后备电池的供电时间：不小于 30min。

　参考 2　《石油化工仪表供电设计规范》（SH/T 3082—2019）

第 5.2.2 条　UPS（交流不间断电源）应符合下列质量指标：

g）后备供电时间（即不间断供电时间）：不小于 30min。

小结： 仪表电源 UPS 供电时间应不小于 30min。

问 5　一级负荷中特别重要的负荷必须配置发电机吗？如能满足要求，UPS 可以用于一级负荷中特别重要的负荷供电吗？

答： 一级负荷中特别重要的负荷除应由双重电源供电外还必须设置应急电源，应急电源可以是发电机组、专用馈电线路、配套蓄电池的电源装置等。参考依据如下：

　参考 1　《供配电系统设计规范》（GB 50052—2009）

第 3.0.3 条 一级负荷中特别重要的负荷供电，应符合下列要求：

1 除应由双重电源供电外，尚应增设应急电源，并严禁将其他负荷接入应急供电系统。

2 设备的供电电源的切换时间，应满足设备允许中断供电的要求。

第 3.0.4 条 下列电源可作为应急电源：

1 独立于正常电源的发电机组。

2 供电网络中独立于正常电源的专用的馈电线路。

3 蓄电池。

4 干电池。

第 3.0.5 条 应急电源应根据允许中断供电的时间选择，并应符合下列规定：

1 允许中断供电时间为 15s 以上的供电，可选用快速自启动的发电机组。

2 自投装置的动作时间能满足允许中断供电时间的，可选用带有自动投入装置的独立于正常电源之外的专用馈电线路。

3 允许中断供电时间为毫秒级的供电，可选用蓄电池静止型不间断供电装置或柴油机不间断供电装置。

‹ 参考 2 《石油化工装置电力设计规范》(SH/T 3038—2017)

第 4.2.3 条 下列电源可作为应急电源：

a）直流蓄电池装置；

b）UPS 电源装置；

c）EPS（紧急电力供给）电源装置；

d）快速自起动的发电装置：

1）自起动柴油发电机组；

2）自起动燃气发电机组；

3）独立于正常电源的其他类型发电机组。

e）从生产装置外引入的独立于正常电源的专用馈电线路。

第 4.2.4 条 应急电源应根据允许中断供电的时间选择，并应符合下列规定：

a）允许中断供电时间为 15s 以上的供电，可选用快速自启动的发电机组；

b）自投装置的动作时间能满足允许中断供电时间的，可选择带有自动投入装置的独立于正常电源之外的专用馈电线路；

c）允许中断供电时间为毫秒级的供电，可选用蓄电池静止型不间断供电装置。

> **参考 3**　《仪表供电设计规范》（HG/T 20509—2014）

3.2　负荷等级与电源类型

3.2.1　仪表电源负荷分级的划分应符合现行国家标准《供配电系统设计规范》（GB 50052—2009）的有关规定，仪表电源负荷可分为两个等级，即一级负荷中特别重要的负荷和三级负荷。

3.2.2　仪表工作电源按仪表电源负荷分级的需要可分为 UPS 和普通电源。

3.2.3　仪表电源负荷属于一级负荷中特别重要的负荷时，应采用 UPS；仪表电源负荷属于三级负荷时，可采用普通电源。

小结：一级负荷中特别重要的负荷除应由双重电源供电外还必须设置应急电源，应急电源可以是发电机组、专用馈电线路、配套蓄电池的电源装置等。

问 **6**　日常巡检变压器室必须要求 **2** 名电工吗？

答：可以将电气设备巡检理解为一种电气工作，从保证巡检质量及巡检人员的安全考虑，宜由两人进行，相关参考如下：

> **参考 1**　《高压电力用户用电安全》（GB/T 31989—2015）

第 8.3.1 条　电气工作人员的配备应符合下列要求：

b）未设置集控站或监控中心的用户：

2）10kV 电压等级且变压器容量在 630kVA 及以上的配电室，应安排全天 24h 专人值班，每班不少于 2 人，应明确其中 1 人为值长；

3）10kV 电压等级且变压器容量在 630kVA 以下的，宜安排专人值班。不具备值班条件的，应每日巡视。

> **参考 2**　《电力安全工作规程　发电厂和变电站电气部分》（DL/T 408—2023）

第 7.2.1 条　经批准允许单独巡视的人员巡视高压设备时，不应进行其他工作。

小结：日常巡检变压器宜由两人进行，确需单人巡检时，该类人员应办理审批手续并发布，并不得做与巡检无关的工作。

问 **7**　高压配电室必须双人值守出自哪些标准？

答：出自《高压电力用户用电安全》（GB/T 31989—2015）、《电力安全工作规程　发电厂和变电站电气部分》（GB 26860—2011）等规范。

> **参考1** 《高压电力用户用电安全》（GB/T 31989—2015）

适用范围：10kV 及以上用户的用电安全工作。1kV 以上至 10kV 以下用户的用电安全工作可参照使用。

第 8.3.1 条　电气工作人员的配备应符合下列要求：

a）用户可根据变（配）电站的设备规模、自动化程度、操作的繁简程度和用电负荷的级别，设置相应的集控站或监控中心，变（配）电站内采用无人值班、少人值守的运行管理模式。集控站或监控中心应安排全天 24h 专人值班，每班不少于 2 人，且应明确其中 1 人为值长。

b）未设置集控站或监控中心的用户：

1）35kV 及以上电压等级的变电站，应安排全天 24h 专人值班，每班不少于 2 人，且应明确其中 1 人为值长；

2）10kV 电压等级且变压器容量在 630kVA 及以上的配电室，应安排全天 24 h 专人值班，每班不少于 2 人，应明确其中 1 人为值长；

3）10kV 电压等级且变压器容量在 630kVA 以下的，宜安排专人值班。不具备值班条件的，应每日巡视。

c）用户应根据用电负荷级别和用电设备规模、分布、维护工作量等因素，配备相应的维修人员。

> **参考2** 《电力安全工作规程　发电厂和变电站电气部分》（GB 26860—2011）

第 7.1.2 条　高压设备符合下列条件时，可实行单人值班或操作：

a）室内高压设备的隔离室设有安装牢固、高度大于 1.7m 的遮栏，遮栏通道门加锁；

b）室内高压断路器的操作机构用墙或金属板与该断路器隔离或装有远方操作机构。

小结： 在满足《高压电力用户用电安全》（GB/T 31989—2015）要求的集控站等集中监控的基础上，高压配电室可无人值守；若集控条件不满足也可无人值守，但应按要求进行巡检；若需要值守通常应为两人。

问 **8** 配电室不得堆放杂物的依据是什么？

答： 配电室不得堆放杂物，参考依据如下：

> **参考1** 《低压配电设计规范》（GB 50054—2011）

第 4.1.2 条　配电设备的布置必须遵循安全、可靠、适用和经济等原则，并应便于安装、操作、搬运、检修、试验和监测。

◄ 参考2 《企业安全生产标准化基本规范》（GB/T 33000—2016）

第5.4.2.1条 作业环境和作业条件：企业应事先分析和控制生产过程及工艺、物料、设备设施、器材、通道、作业环境等存在的安全风险。生产现场应实行定置管理，保持作业环境整洁。

◄ 参考3 《危险化学品从业单位安全标准化通用规范》（AQ 3013—2008）

第5.6.3.5条 企业应保持作业环境整洁。

◄ 参考4 《10kV及以上电力用户变电站运行管理规范》（GB/T 32893—2016）

第6.9.3条 生产场地不准存放与运行无关的闲散器材和私人物品，禁止种植高棵作物，空闲场地种植其他作物以不妨碍检修为原则。

◄ 参考5 《变电站运行导则》（DL/T 969—2005）

第8.5.3条 设备区内无杂物，进站道路和生产通道、消防通道应畅通。

◄ 参考6 《建筑电气与智能化通用规范》（GB 55024—2022）

第10.2.2条 高压配电室、变压器室、低压配电室、控制室、柴油发电机房、智能化系统机房等的运行应符合下列规定：

2 房间内的通道应保持畅通，且房间内除了放置用于操作和维修的工具、设备外不得作其他储存用途。

问 9 配电室可以采用玻璃门吗？

答： 配电室应根据配电设施燃烧等级、建筑物布局、环境条件，参考相关规范，选择合适的防火门等级。参考依据如下：

◄ 参考1 《建筑电气与智能化通用规范》（GB 55024—2022）

第3.2.1条 变电所直接通向建筑物内非变电所区域的出入口门，应为甲级防火门并应向外开启。

◄ 参考2 《建筑设计防火规范》（GB 50016—2014，2018年版）

第6.2.7条 通风、空气调节机房和变配电室开向建筑内的门应采用甲级防火门，消防控制室和其他设备房开向建筑内的门应采用乙级防火门。

◂ **参考3** 《35kV～110kV变电站设计规范》（GB 50059—2011）

第5.0.5条 变压器室、电容器室、蓄电池室、电缆夹层、配电装置室，以及其他有充油电气设备的门，应向疏散方向开启，当门外为公共走道或其他房间时，应采用乙级防火门。

◂ **参考4** 《20kV及以下变电所设计规范》（GB 50053—2013）

第6.1.2条 位于下列场所的油浸变压器室的门应采用甲级防火门：

1 有火灾危险的车间内；

2 容易沉积可燃粉尘、可燃纤维的场所；

3 附近有粮、棉及其他易燃物大量集中的露天堆场；

4 民用建筑物内，门通向其他相邻房间；

5 油浸变压器室下面有地下室。

◂ **参考5** 《石油化工装置电力设计规范》（SH/T 3038—2017）

第6.5.4条 变电所门窗设置的要求如下：控制室、配电装置室、电容器室和电缆夹层的门应设置向外开启的防火门，并应装设弹簧锁，相邻之间有门时，应采用由不燃材料制造的双向弹簧门。

◂ **参考6** 《火力发电厂与变电站设计防火标准》（GB 50229—2019）

第11.2.4条 地上油浸变压器室的门应直通室外；地下油浸变压器室门应向公共走道方向开启，该门应采用甲级防火门；干式变压器室、电容器室门应向公共走道方向开启，该门应采用乙级防火门；蓄电池室、电缆夹层、继电器室、通信机房、配电装置室的门应向疏散方向开启，当门外为公共走道或其他房间时，该门应采用乙级防火门。配电装置室的中间隔墙上的门可采用分别向不同方向开启且宜相邻的2个乙级防火门。

小结： 变电所直接通向建筑物内非变电所区域的出入口门，应为甲级防火门并应向外开启。

问 **10** 配电室和变压器室可以布置吊链灯具吗？

答： 可以。

配电室、变压器室可以布置灯具，但不得采用吊链和软线吊装。灯具不能布置在变压器、配电装置和裸导体的正上方，灯具与裸导体的水平净距不应小于1.0m。参考依据如下：

> **参考** 《20kV 及以下变电所设计规范》（GB 50053—2013）

第 6.4.3 条　在变压器、配电装置和裸导体的正上方不应布置灯具。当在变压器室和配电室内裸导体上方布置灯具时，灯具与裸导体的水平净距不应小于 1.0m，灯具不得采用吊链和软线吊装。

小结： 配电室、变压器室可以布置吊链灯具。

问 11 配电室内的配电屏通道宽度有要求吗？

答： 有要求。参考依据如下：

> **参考1** 《低压配电设计规范》（GB 50054—2011）

第 4.2.5 条　当防护等级不低于现行国家标准《外壳防护等级（IP 代码）》GB/T 4208—2017 规定的 IP2X 级时，成排布置的配电屏通道最小宽度应符合表 4.2.5 的规定。

表 4.2.5　成排布置的配电屏通道的最小宽度（m）

配电屏种类		单排布置			双排面对面布置			双排背对背布置			多排同向布置			屏侧通道
		屏前	屏后		屏前	屏后		屏前	屏后		屏间	前、后排屏距墙			
			维护	操作		维护	操作		维护	操作		前排屏前	后排屏后		
固定式	不受限制时	1.5	1.0	1.2	2.0	1.0	1.2	1.5	1.5	2.0	2.0	1.5	1.0	1.0
	受限制时	1.3	0.8	1.2	1.8	0.8	1.2	1.3	1.3	2.0	1.8	1.3	0.8	0.8
抽屉式	不受限制时	1.8	1.0	1.2	2.3	1.0	1.2	1.8	1.0	2.0	2.3	1.8	1.0	1.0
	受限制时	1.6	0.8	1.2	2.1	0.8	1.2	1.6	0.8	2.0	2.1	1.6	0.8	0.8

注：1.受限制时是指受到建筑平面的限制、通道内有柱等局部突出物的限制；

2.屏后操作通道是指需在屏后操作运行中的开关设备的通道；

3.背靠背布置时屏前通道宽度可按本表中双排背对背布置的屏前尺寸确定；

4.控制屏、控制柜、落地式动力配电箱前后的通道最小宽度可按本表确定；

5.挂墙式配电箱的箱前操作通道宽度，不宜小于1m。

> **参考2** 《20kV 及以下变电所设计规范》（GB 50053—2013）

第 4.2.7 条　高压配电室内成排布置的高压配电装置，其各种通道的最小宽度，应符合表 4.2.7 的规定。

表 4.2.7　高压配电室内各种通道的最小宽度（mm）

开关柜布置方式	柜后维护通道	柜前操作通道	
		固定式开关柜	移开式开关柜
单排布置	800	1500	单手车长度+1200
双排面对面布置	800	2000	双手车长度+900
双排背对背布置	1000	1500	单手车长度+1200

注：1.固定式开关柜为靠墙布置时，柜后与墙净距应大于50mm，侧面与墙净距宜大于200mm；

2.通道宽度在建筑物的墙面有柱类局部凸出时，凸出部位的通道宽度可减少200mm；

3.当开关柜侧面需设置通道时，通道宽度不应小于800mm；

4.对全绝缘密封式成套配电装置，可根据厂家安装使用说明书减少通道宽度。

小结： 配电室内的配电屏通道宽度参考《低压配电设计规范》（GB 50054—2011）第 4.2.5 条、《20kV 及以下变电所设计规范》（GB 50053—2013）第 4.2.7 条。

问 **12** 《石油化工企业设计防火标准》及《精细化工企业工程设计防火标准》中"变配电所"与"配电室"的区别是什么？

具体问题：《石油化工企业设计防火标准》（GB 50160—2008，2018 年版）及《精细化工企业工程设计防火标准》（GB 51283—2020）中规定"变配电所"不能和甲、乙类设备合用同一建筑物，这里的"变配电所"和车间"配电室"是一个概念吗？

答： 变配电所是既含有变电功能也包括配电功能，配电室一般只有配电功能，变配电所有全厂变配电所、区域变配电所、车间变电所。全厂性、区域性变配电所或配电室应独立建造，属公用电气设备用房，车间变电所或配电室为贴邻或附属建造，属专用电气设备用房。

1.《石油化工企业设计防火标准》（GB 50160—2008，2018 年版）

第 5.2.16 条　装置的控制室、机柜间、变配电所、化验室、办公室等不得与设有甲、乙 A 类设备的房间布置在同一建筑物内。本条是指独立建造的变配电所不得设有甲、乙 A 类设备的房间，不适用贴邻或附属建造的专用变配电所。

2.《精细化工企业工程设计防火标准》（GB 51283—2020）

第 8.3.1 条　变配电所不应设置在甲、乙类厂房内或贴邻建造，且不应设置在爆炸性气体、粉尘环境的危险区域内。供甲、乙类厂房专用的 20kV 及以下的变配电所，当采用无门窗洞口的防火墙隔开时，可贴邻建造（有含油设备的可一面贴邻，无含油设备的可一面或二面贴邻），并应符合现行国家标准《爆炸危险环境电力装置设计规范》（GB 50058—2014）的有关规定。

这条是基于《建筑设计防火规范》（GB 50016—2008，2018 年版），"变配电所不应设置在甲、乙类厂房内或贴邻建造，且不应设置在爆炸性气体、粉尘环境的危险区域内。"这条是规定公共变配电所（全厂变配电所、区域变配电所）的设置要求，公共变配电所要求独立建造，不应设置在甲、乙类厂房内或贴邻建造。"供甲、乙类厂房专用的 20kV 及以下的变配电所，当采用无门窗洞口的防火墙隔开时，可贴邻建造（有含油设备的可一面贴邻，无含油设备的可一面或二面贴邻）"这条是针对厂房、车间专用的变配电所，可以敷设建造和贴邻建造，甲、乙类厂房专用的变配电所只能贴邻建造。

小结： 石化规及精细规中"变配电所"与"配电室"不是一个概念。

问 13 甲类厂房 10kV 专用配电室和厂房隔 2m 可以吗？

答： 不可以。专用配电室可以采用贴邻建造，也可以采用独立建造，贴邻建造依据书中参考规范；独立建造应按相关防火规范执行建筑物与建筑物间距离，按甲类厂房与丁类或丙类厂房执行。参考依据如下：

参考1 《建筑设计防火规范》（GB 50016—2014，2018 年版）

第 3.3.8 条 变、配电站不应设置在甲、乙类厂房内或贴邻，且不应设置在爆炸性气体、粉尘环境的危险区域内。供甲、乙类厂房专用的 10kV 及以下的变、配电站，当采用无门、窗、洞口的防火墙分隔时，可一面贴邻，并应符合现行国家标准《爆炸危险环境电力装置设计规范》GB 50058—2014 等标准的规定。

参考2 《精细化工企业工程设计防火标准》（GB 51283—2020）

第 8.3.1 条 变配电所不应设置在甲、乙类厂房内或贴邻建造，且不应设置在爆炸性气体、粉尘环境的危险区域内。供甲、乙类厂房专用的 20kV 及以下的变配电所，当采用无门窗洞口的防火墙隔开并贴邻建造时，应符合下列规定：

1）有含油设备的变配电所可一面贴邻建造；

2）无含油设备的变配电所可一面或两面贴邻建造；

3）爆炸危险环境电力装置设计应按现行国家标准《爆炸危险环境电力装置设计规范》GB 50058—2014 执行。

小结：专用配电室可以采用贴邻建造，也可以采用独立建造，贴邻建造依据书中参考规范；独立建造应按相关防火规范执行建筑物与建筑物间距离，按甲类厂房与丁类或丙类厂房执行。

问 14 高压配电室内设有油浸变压器室，将变电所的火灾危险性定为丁类可以吗？

答：不可以。油浸式变压器室的变电所的火灾危险性分类为丙类。

◁ **参考1** 《建筑设计防火规范》（GB 50016—2014，2018 年版）

条文说明：第 3.1.1 条　表 1　生产的火灾危险性分类举例：油浸变压器室和配电室（每台装油量大于 60kg 的设备）的火灾危险性分类为丙类；配电室（每台装油量小于等于 60 kg 的设备）的火灾危险性分类为丁类。

◁ **参考2** 《火力发电厂与变电站设计防火标准》（GB 50229—2019）

表 3.0.1 建（构）筑物的火灾危险性分类及其耐火等级：屋内配电装置楼（内有每台充油量＞60kg 的设备）的火灾危险性分类为丙类，屋内配电装置楼（内有每台充油量≤60kg 的设备）的火灾危险性分类为丁类，油浸变压器室的火灾危险性分类为丙类。

扩展：对于布置在民用建筑内或与民用建筑贴邻建造的 220kV 干式室内变电站，防火设计技术要求比照丙类火灾危险性厂房。

《建筑设计防火规范》国家标准管理组

建规字〔2018〕4 号

关于对室内变电站防火设计问题的复函

中国平安财产保险股份有限公司：

你单位《关于平安财险大厦附建变电站防火间距的请示》收悉。经研究，函复如下：

根据现行国家标准《建筑设计防火规范》GB 50016 第 3.1.1 条及其条文说明，油浸变压器室的火灾危险性类别为丙类，干式变压器室的火灾危险性类别无明确规定，而现行国家标准《火力发电厂与变电站设计防火规范》GB 50229 当中，将干式变压器室的火灾危险性类别定为丁类。综合考虑变电站内变压器、电容器、电缆等可燃物分布情况，室内变电站的防火设计可按丙类厂房的有关要求确定。

此复。

《建筑设计防火规范》国家标准管理组
2018 年 6 月 25 日

关于 220V 附建式变电站防火设计问题的复函

《建筑设计防火规范》国家标准管理组

建规字〔2019〕2 号

（2019 年 1 月 22 日）

深圳市前海深港现代服务业合作区管理局：

你单位关于 220kV 附建式变电站防火设计问题的来函收悉。经研究，函复如下：

国家标准《建筑设计防火规范》（GB 50016-2014）第 3.1.1 条及其条文说明，将油浸变压器室的火灾危险性类别为丙类，对干式变压器室的火灾危险性分类没有明确规定。考虑到干式变压器属无油设备，与油浸变压器相比可燃物质数量较小，火灾风险相对较小，对确需布置在民用建筑内或与民用建筑贴邻建造的 220kV 干式室内变电站，可将其视为民用建筑的附属设施，其防火设计技术要求可以比照丙类火灾危险性厂房的要求确定，并应采用不开门窗洞口的防火墙和耐火极限不低于 2.00h 的楼板进行分隔，设置独立的安全出口和疏散楼梯。

此复。

小结：高压配电室内设有油浸变压器室，变电所的火灾危险性不可以定为丁类，应为丙类。

问 15　配电柜和机柜能否布置在同一房间里？

答： 未有规范对该问题进行明确规定。考虑到机柜重要性，建议除了给 DCS（集散控制系统）机柜供电的电源分配供电柜之外，其它高低压配电柜，不宜安装在 DCS 机柜室。

> **参考**　《控制室设计规范》（HG/T 20508—2014）

　　3.2.5　控制室应远离振动源和存在较大电磁干扰的场所。

　　3.2.7　控制室不应与总变电所相邻。

　　3.2.8　控制室不宜与区域变配电所相邻，如受条件限制相邻布置时，不应共用同一建筑物。

　　3.2.9　中心控制室不应与变配电所相邻。

　　扩展：高低压配电柜存在较大电磁干扰，故配电柜和机柜不应在同一房间里。

小结： 给 DCS 机柜供电的电源分配柜可与机柜布置在同一房间，其他高低压配电柜不宜布置。

问 16　施工现场三级配电箱是否需要上锁？

答： 需要。参考依据如下：

> **参考1**　《建筑与市政工程施工现场临时用电安全技术标准》（JGJ/T 46—2024）

　　第 4.3.6 条　施工现场停止作业 1 小时以上时，应将动力开关箱断电上锁。

　　第 10.2.3.3 条　暂时停用设备的开关箱必须分断电源隔离开关，并应关门上锁。

> **参考2**　《石油化工建设工程施工安全技术标准》（GB/T 50484—2019）

　　第 4.4.19 条　配电箱、开关箱内的电器配置和接线不得随意改动。总配电箱、分配电箱正常工作时应加锁，开关箱停止工作超过一小时应断电、上锁。

> **参考3**　《危险化学品企业特殊作业安全规范》（GB 30871—2022）

　　第 10.6 条　g）现场临时用电配电盘、箱应有电压标志和危险标志，应有防雨措施，盘、箱、门应能牢靠关闭并上锁管理。

小结： 施工现场三级配电箱应上锁管理。

问 **17** 所有类型的配电箱、配电柜是否都需要张贴"当心触电"标志？

答： 企业内的变配电间内安装、管理的配电箱、配电柜可以根据具体情况而定。

企业内部管理的变配电室内的配电柜没必要都设置"当心触电"的警示标识，只在变配电室门口设置"当心触电"警示标识即可，没有明确规范要求变配电室的每个配电柜都设置"当心触电"警示标识。

因为变配电室是需要专业电工陪同才能进入的场所，实际操作也都是电工专业人员。放置在开放场所的配电柜，存在非专业人员接触的可能，从风险防控角度，建议每个配电柜均设置"当心触电"警示标识。

> **参考1** 《安全标志及其使用导则》（GB 2894—2008）

表 2 中关于"当心触电"标识的设置范围和地点要求为"有可能发生触电危险的电器设备和线路，如：配电室、开关等。"

表 2

编号	图形标志	名称	标志种类	设置范围和地点
2-7		当心触电 Warning electric shock	J	有可能发生触电危险的电器设备和线路，如：配电室、开关等

> **参考2** 《图形符号 安全色和安全标志 第 5 部分：安全标志使用原则与要求》（GB/T 2893.5—2020）

第 5.5 条 设置

安全标志的设置需要考虑以下方面：

a）宜仅在安全标志的有效作用区内确保安全标志的显著性。注：如果安全标志在评估区域之外具有显著性，则会导致误解和困惑。

b）对于安全信息的目标人群，安全标志宜具有足够的显著性。

c）宜设置在预期观察者的法线视野范围内。

d）与所设置的背景环境之间宜具有足够的反差。

e）传递相同信息的安全标志宜保持相同的设置高度。

f）安全标志的设置位置需要考虑以下方面：

1）宜紧邻危险源或所要标示的设备；

2）不会被门、护栏、植物或其他设备设施及其他标志所遮挡；

3) 不宜与能够分散该安全标志关注度的其他标志相邻；

4) 前方不宜有障碍物，以便观察者能够靠近识别该标志。

◁ 参考3 《石油化工工程临时用电配电箱安全技术规范》（SH/T 3556—2015）

第6.9.1条 配电箱箱门醒目部位应有安全用电标识"⚡"，安全标识应为白底红字。

◁ 参考4 《中华人民共和国安全生产法》（2021年6月修正）

第三十五条 生产经营单位应当在有较大危险因素的生产经营场所和有关设施、设备上，设置明显的安全警示标志。

小结： 所有类型的配电箱、配电柜都要张贴"当心触电"标志。但变配电室内的配电柜设置"当心触电"的警示标识意义不大，只在变配电室门口设置"当心触电"警示标识即可。

问 **18** 配电柜设置隔弧板的依据是什么？

答： 隔弧板的作用就是将电弧和火焰从设备内部隔离出来，保护工作人员和设备安全。相关依据如下：

◁ 参考1 《电气装置安装工程 低压电器施工及验收规范》（GB 50254—2014）

第4.0.2-2条 低压断路器主回路接线端配套绝缘隔板应安装牢固。

◁ 参考2 《电气装置安装工程 盘、柜及二次回路接线施工及验收规范》（GB 50171—2012）

第5.0.7条 盘、柜内带电母线应有防止触及的隔离防护装置。

◁ 参考3 《石油化工电气工程施工及验收规范》（SH/T 3552—2021）

第16.2.3条 低压断路器主回路相间绝缘隔板和上方的隔弧板应齐全且固定牢固。

特殊情况：不需要设置隔离防护装置的情况，请参照《低压成套开关设备和控制设备 第1部分：总则》（GB 7251.1—2013/IEC 61439-1：2011）

1 范围：本部分仅适用于符合下述相关的成套设备标准要求的低压成套开关设备和控制设备：

——额定电压交流不超过1000V，直流不超过1500V的成套设备；

——带外壳或不带外壳的固定式或移动式成套设备；

——与发电、输电、配电和电能转换的设备以及控制电能消耗的设备所配套使用的成套设备；

——那些为特殊使用条件而设计的成套设备，如船舶、机车车辆使用的成套设备，只要它们符合其他有关的特定要求；

本部分不适用于符合各自相关产品标准的单独的器件及整装的元件，诸如电机起动器、刀熔开关、电子设备等。

第 11.3 条 电气间隙和爬电距离

这里的电气间隙：

——小于表 1 规定值时，冲击电压耐受试验应按 10.9.3 要求执行；

——通过目测检查不明显大于表 1 中给出的值（见 10.9.3.5）时，应通过实际测量或依据 10.9.3 的冲击电压耐受试验进行验证。

对爬电距离（见 8.3.3）通常的检测方法是目测检查。凡是目测检查不够明显的部位，应通过实际测量来验证。

表 1 空气中的最小电气间隙 [a]（8.3.2）

额定冲击耐受电压 U_{imp}/kV	最小的电气间隙/mm
≤2.5	1.5
4.0	3.0
6.0	5.5
8.0	8.0
12.0	14.0

[a] 根据非均匀电场环境和污染等级3决定。

小结： 隔弧板的作用是将电弧和火焰从设备内部隔离出来，保护工作人员和设备安全，设置依据可参考 GB 50254—2014、GB 50171—2012、SH/T 3552—2021 等。

问 19 交流低压配电柜需要设置总隔离开关吗？

答： 为了维修方便和缩小停电范围，建议固定式低压开关柜每台设置总隔离开关；抽屉式低压配电柜不需要设置。参考依据如下：

参考 1 《建筑电气与智能化通用规范》（GB 55024—2022）

第 4.3.1 条 由建筑物外引入的低压电源线路，应在总配电箱（柜）的受电端装设具有隔离功能的电器。

参考 2 《通用用电设备配电设计规范》（GB 50055—2011）

第 2.4.2 3 条　符合隔离要求的短路保护电器可兼做隔离电器。此条的条文解释中也明确说明：在现行的国家低压电器标准中，已列入了低压空气式开关、隔离开关、隔离器、熔断器组合电器等隔离电器；低压断路器标准中亦列入了隔离型。

‹ **参考3**　《施工现场临时用电安全技术规范》（ JGJ 46—2005 ）

第 8.2.2、8.2.4、8.2.5 条　明确了施工现场总配电箱、分配电箱、开关箱应装设隔离开关。第 8.2.5 条　隔离开关应采用分断时具有可见分断点，能同时断开电源所有极的隔离电器，并应设置于电源进线端。当断路器是具有可见分断点时，可不另设隔离开关。

‹ **参考4**　《民用建筑电气设计标准》（ GB 51348—2019 ）

第 4.4.12 条　低压系统采用固定式配电装置时，其中的断路器等开关设备的电源侧，应装设隔离开关。

小结： 建议固定式低压配电柜每台设置总隔离开关，抽屉式低压开关柜不需要设置。

问 20　低于 2.4 米的工作台照明灯具要使用安全电压的要求出自哪个规范？

答： 没有规范要求所有低于 2.4 米的工作台照明灯具采用安全电压，但对于存在不安全因素的场所应参照规范要求采用安全电压。

‹ **参考**　《建筑电气与智能化通用规范》（ GB 55024—2022 ）

第 4.5.4 条　当正常照明高度在 2.5 米及以下时，且灯具采用交流低压供电时，应设置剩余电流动作保护器作为附加保护，疏散照明和疏散标志指示等安装高度在 2.5 米及以下时，应采用安全特低电压供电。

小结： 没有规范要求所有低于 2.4 米的工作台照明灯具采用安全电压，对于没有漏电保护及存在不安全因素的场所参照规范要求使用安全电压。

问 21　受限空间作业时的电压不超过 12V 是针对所有电气还是仅针对照明设备？

具体问题： GB 30871—2022 第 4.13 条 "受限空间内使用的照明电压不应超过 36V，并满足安全用电要求；在潮湿容器、狭小容器内作业电压不应超过 12V"。是指所有用电设备都不能超过 36V 或只是照明设备？假如进金属容器内进行打磨除锈、焊接作业怎么处理?

答: 仅指受限空间内使用的照明电压不应超过 36V。金属容器内打磨除锈、焊接作业执行《手持式电动工具的管理、使用、检查和维修安全技术规程》(GB/T 3787—2017)、《建设工程施工现场供用电安全规范》(GB 50194—2014)、《建筑与市政工程施工现场临时用电安全技术标准》(JGJ/T 46—2024)、《石油化工建设工程施工安全技术标准》(GB/T 50484—2019)等规范的相关要求。参考依据如下:

‹ **参考1**　《危险化学品企业特殊作业安全规范》(GB 30871—2022)

第 4.13 条　作业现场照明系统配置要求:

b) 受限空间内使用的照明电压不应超过 36V,并满足安全用电要求;在潮湿容器、狭小容器内作业电压不应超过 12V。

GB 30871—2022 第 4.13-b) 条描述的是作业现场照明系统,即行灯。因行灯要移动且有灯泡碎裂可能,所以规定行灯采用安全电压。不能根据该条款要求所有用电设备都不能超过 36V,有些电动工具须使用 220/380V 供电,在各种场合下使用的电动工具均有相应的安全要求,按其执行即可。学习规范,应通读前后文,明确适用范围,切忌片面理解规范条文。

‹ **参考2**　《手持式电动工具的管理、使用、检查和维修安全技术规程》(GB/T 3787—2017)

第 5.2 条　c) 在锅炉、金属容器、管道内等作业场所,应使用Ⅲ类工具或在电气线路中装设额定剩余动作电流不大于 30mA 的剩余电流动作保护器的Ⅱ类工具。

‹ **参考3**　《石油化工建设工程施工安全技术标准》(GB/T 50484—2019)

第 3.4.4 条　进入受限空间应使用安全行灯,电焊机、开关箱、安全隔离变压器、气瓶应放置在受限空间外,电缆、气带应保持完好。

第 11.2.1 条　施工现场不得使用Ⅰ类手持电动工具。在受限空间内作业,应使用Ⅲ类工具或在电气线路中装设额定剩余动作电流不大于 15mA 的剩余电流动作保护器的Ⅱ类工具。Ⅲ类工具的安全隔离变压器、Ⅱ类工具的剩余电流动作保护器及Ⅱ、Ⅲ类工具的电源控制箱和电源耦合器等应放在作业场所的外面。在狭窄作业场所操作时,应有人在外监护。

小结: 受限空间内使用的照明电压不应超过 36V,在潮湿容器、狭小容器内作业照明电压不应超过 12V。

问 22 防爆接线盒与钢管可以连接吗？螺纹不一致如何连接？

答： 防爆接线盒与钢管可以直接连接，防爆接线盒接线型式如果是钢管配线型式必须通过防爆软管连接；如果是电缆配线型式电缆直接接入防爆接线盒。

‹ 参考1 《电气装置安装工程 爆炸和火灾危险环境电气装置施工及验收规范》（GB 50257—2014）

第 5.3.2 条 钢管与钢管、钢管与电气设备、钢管与钢管附件之间的连接，应采用螺纹连接，不得采用套管焊接，并应符合下列规定：

1 螺纹加工应光滑、完整、无锈蚀，钢管与钢管、钢管与电气设备、钢管与钢管附件之间应采用跨线连接，并应保证良好的电气通路，不得在螺纹上缠麻或绝缘胶带及涂其他油漆。

2 在爆炸性气体环境 1 区或 2 区与隔爆型设备连接时，螺纹连接处应有锁紧螺母。

第 5.3.4 条 在爆炸性环境 1 区、2 区、20 区、21 区和 22 区的钢管配线，应做好隔离密封，并应符合下列规定：

1 电气设备无密封装置的进线口应装设隔离密封件。

2 在正常运行时，所有点燃源外壳的 450mm 范围内应做隔离密封。

‹ 参考2 《危险场所电气防爆安全规范》（AQ 3009—2007）

第 6.1.1.3.2 条 导管与导管、导管与导管附件及导管与电气设备间须用螺纹连接，电气管路之间不得采用倒扣连接，导管与电气设备间的连接应满足相应的防爆型式要求，示例参见附录 E。

小结： 防爆接线盒与钢管能否直接连接视现场设备及安装环境而定，螺纹不一致时，应采用防爆挠性管连接。

问 23 油库油气回收装置现场的电气设备如何确定防火间距？

具体问题： 油库设置油气回收装置，现场设置有 1 面油气回收装置的配电柜（非防爆），但是位于爆炸危险区域外。请问露天配电柜是否执行《油气回收处理设施技术标准》（GB/T 50759—2022）表 4.0.11 中："变配电室、控制室、机柜间与油气回收装置防火间距 15m 的要求"，露天配电柜是否与配电室、控制室或者机柜间同等定义？

油气回收装置

答： 配电柜作为非防爆设备与变配电所等对爆炸和火灾危险环境具有同样的防爆防火距离要求，应遵守同样的规范要求。

> **参考** 《油气回收处理设施技术标准》（GB/T 50759—2022）

表 4.0.11 中：变配电室、控制室、机柜间与油气回收装置防火间距为 15 米。

小结： 油库油气回收装置现场非防爆电气配电柜与装置的防火间距应不小于 15 米。

问 24 企业叉车充电间安装排风机有什么要求？

答： 主要根据蓄电池种类考虑防爆问题，如酸性蓄电池、碱性镉镍蓄电池、固定型阀控式密闭（免维护）铅酸蓄电池等，不同电池危险特性不同。主要参考如下：

> **参考1** 《物流建筑设计规范》（GB 51157—2016）

第 12.3.8 条 搬运车辆蓄电池充电间（区）应设置独立的机械通风系统，并应符合下列规定：

1 通风量应按充电时产生的气体量和余热量计算确定，并应满足充电间（区）空气中最大含氢量（按体积计算）不超过 0.7% 的排风需求；

2 充电间的换气次数不应少于 8 次 /h；

3 开放式铅酸蓄电池的充电区应设置上下排风设施；

4 充电期间机械排风系统的风机应保持连续和可靠的运转，并与氢气探测器联动；

5 机械排风系统可与消防排烟共用；

6 设置在充电间（区）内的风机应为防爆型。

参考2 《通用用电设备配电设计规范》（GB 50055—2011）

第6.0.8条 （蓄电池）充电间的设计应符合下列规定：

3）充电间应通风良好，当自然通风不能满足要求时，应采用机械通风，每小时通风换气次数不应少于8次。

参考3 《工业车辆 电气要求》（GB/T 27544—2011）

第7.2.2条 充电区域应有足够的通风以防止氢气的聚集。

注：蓄电池充电时，气体从所有使用电解液的二级单体和蓄电池组中生成。当这些气体散发到周围空气中，若空气中氢气容积浓度超过4%（LEL），可能形成爆炸性混合气。

小结： 企业叉车充电间安装排风机应满足相关规范要求，主要考虑存在酸性蓄电池充电场所的电气设备应防爆。

问 25 图中电气设备存在哪些问题？

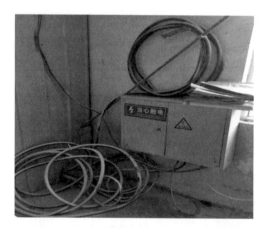

答： 主要有以下12个问题：（只是鉴于图片分析，具体环境条件不详）

（1）配电箱安装高度不符合要求；

（2）电缆穿墙无防护；

（3）电缆敷设凌乱未穿管防护或布设在线槽里；

（4）电缆用铁丝捆扎；

（5）配电箱上堆放可燃物与其他杂物；

（6）现场与配电箱积尘较多未定期及时清理；

（7）当心触电标志不一致；

（8）配电箱未上锁；

（9）电缆头裸露；

（10）动力电缆和控制电缆穿过同一个电缆孔洞；

（11）配电箱无名称标识；

（12）配电箱无铭牌。

‹ 参考 1 《建筑与市政工程施工现场临时用电安全技术标准》（JGJ/T 46—2024）

4.1.6　配电箱、开关箱应装设端正、牢固。固定式配电箱、开关箱的中心点与地面的垂直距离应为1.4～1.6m。移动式配电箱、开关箱应装设在坚固、稳定的支架上，其中心点与地面的垂直距离宜为0.8～1.6m。

8.1.1　在建工程外电架空线路正下方不得有人作业、建造生活设施，或堆放建筑材料、周转材料及其他杂物等。

‹ 参考 2 《电气装置安装工程电缆线路施工及验收标准》（GB 50168—2018）

第6.3.1条　在易受机械损伤的地方和在受力较大处直埋电缆管时，应采用足够强度的管材。在下列地点，电缆应有足够机械强度的保护管或加装保护罩：1 电缆进入建筑物、隧道，穿过楼板及墙壁处；2 从沟道引至杆塔、设备、墙外表面或屋内行人容易接近处，距地面高度2m以下的部分；3 有载重设备移经电缆上面的区段；4 其他可能受到机械损伤的地方。

‹ 参考 3 《电气装置安装工程电缆线路施工及验收标准》（GB 50168—2018）

第6.1.17条　电缆敷设时应排列整齐，不宜交叉，并应及时装设标识牌。

‹ 参考 4 《电力工程电缆设计标准》（GB 50217—2018）

第6.1.9.3条　不得采用铁丝直接捆扎电缆。

‹ 参考 5 《用电安全导则》（GB/T 13869—2017）

第5.1.1条　一般条件下，用电产品的周围应留有足够的安全通道和工作空间，且不应堆放易燃、易爆和腐蚀性物品。

‹ 参考 6 《机械制造企业安全生产标准化规范》（AQ/T 7009—2013）

第4.2.38.2.4条　动力（照明）配电箱（柜、板）前方（或下方）1.2m

的范围内应无障碍物；当工艺布置有困难时，照明箱可减至 0.8m。

参考7 《企业安全生产标准化基本规范》(GB/T 33000—2016)

第 5.4.2.1 条　生产现场应实行定置管理，保持作业环境整洁。

参考8 《电力安全工作规程　发电厂和变电站电气部分》(GB 26860—2011)

第 7.3.5.2 条　电气设备应具有明显的标志，包括命名、编号、设备相色等。(强制条款)

参考9 《电气装置安装工程　低压电器施工及验收规范》(GB 50254—2014)

第 3.0.3 条　采用的低压电器设备和器材均应有合格证明文件；属于"ＣＣＣ"认证范围的设备，应有认证标识及认证证书；设备应有铭牌；不应采用国家明令禁止的电器设备。

参考10 《建筑电气与智能化通用规范》(GB 55024—2022)

第 8.7.9 条　导线连接应符合下列规定：1. 导线的接头不应裸露，不同电压等级的电线接头应分别经绝缘处理后设置在各自的专用接线盒（箱）或器具内。

参考11 《电气装置安装工程　电缆线路施工及验收标准》(GB 50168—2018) 第 6.4.1 条 电缆排列应符合下列规定：

1. 电力电缆和控制电缆不宜配置在同一层支架上。

小结： 图中主要有电缆头裸露等 12 个方面的问题。

问 26 浮顶罐的电气连接如何设置？

具体问题： 《石油化工企业设计防火标准》（GB 50160—2008，2018 年版）第 9.2.3 条"3 浮顶罐（含内浮顶罐）可不设避雷针、线，但应将浮顶与罐体用两根截面不小于 25mm^2 的软铜线作电气连接"，浮顶罐的电气连接如何设置？

答： 浮顶与罐体的电气连接可以。

参考1 《石油化工静电接地设计规范》(SH/T 3097—2017)

可将导线的一端固定在拱顶上，垂下来另一端固定在浮盘上，浮盘落底后铜导线仍有裕量，且与浮盘的导向成一定角度，一定要避免和导向钢丝发生缠绕。

参考2 《石油储备库设计规范》(GB 50737—2011)

10.2.1　第 2 条是浮盘和罐壁之间用 2 条 $50mm^2$ 扁平镀锡软铜复绞线或绝缘阻燃护套软铜复绞线连接。

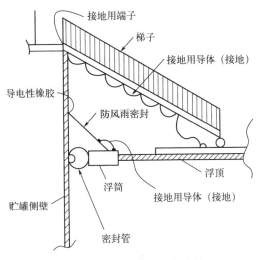

图 7　浮顶与储罐本体跨接

HSE

HEALTH SAFETY
ENVIRONMENT

第二章
电缆线路管理

规范电缆铺设与维护，防范线路隐患，确保电力传输畅通无阻。

——华安

问 27 110kV 以上的电缆可以敷设在公共管廊内吗？

答： 110kV 以上的电缆不可依托公共管廊，建议咨询当地供电部门确认。

> **参考** 《化工园区开发建设导则》（GB/T 42078—2022）

第 7.4.4.3 条 "110kV 及以下电缆线路可依托公共管廊在桥架内敷设，并应符合《城市综合管廊工程技术规范》（GB 50838—2015）、《电力工程电缆设计标准》（GB 50217—2018）规定"，110kV 以上的电缆是否可以依托公共管廊，建议咨询当地供电部门确认。

小结： 110kV 以上的电缆是否可以依托公共管廊，咨询当地供电部门确认。

问 28 110kV 及以下电缆线路可依托园区公共管廊在桥架内敷设，电缆与管道的间距如何设置？

答： 相关规范如下：

> **参考 1** 《电力工程电缆设计标准》（GB 50217—2018）

第 5.1.7 条 明敷的电缆不宜平行敷设在热力管道的上部。电缆与管道之间无隔板防护时的允许最小净距，除城市公共场所应按现行国家标准《城市工程管线综合规划规范》GB 50289—2016 执行外，尚应符合表 5.1.7 的规定。

表 5.1.7 电缆与管道之间无隔板防护时的最小净距（mm）

电缆与管道之间的走向		电力电缆	控制和信号电缆
热力管道	平行	1000	500
	交叉	500	250
其他管道	平行	150	100

注：1 计及最小净距时，应从热力管道保温层外表面算起；

2 表中与热力管道之间的数值为无隔热措施时的最小净距。

> **参考 2** 《电气装置安装工程 电缆线路施工及验收标准》（GB 50168—2018）6.2 直埋电缆敷设

第 6.2.4 条 电缆之间，电缆与其他管道、道路、建筑物等之间平行和交叉时的最小净距，应符合设计要求。当设计无要求时，应符合下列规定：

1 未采取隔离或防护措施时，应符合表6.2.3的规定。

表6.2.3 电缆之间，电缆与管道、道路、建筑物之间平行和交叉时的最小净距

项 目		平行（m）	交叉（m）
电力电缆间及其与控制电缆间	10kV及以下	0.10	0.50
	10kV以上	0.25	0.50
不同部门使用的电缆间		0.50	0.50
热管道（管沟）及热力设备		2.00	0.50
油管道（管沟）		1.00	0.50
可燃气体及易燃液体管道（管沟）		1.00	0.50
其他管道（管沟）		0.50	0.50
铁路路轨		3.00	1.00
电气化铁路路轨	非直流电气化铁路路轨	3.00	1.00
	直流电气化铁路路轨	10.00	1.00
电缆与公路边		1.00	—
城市街道路面		1.00	—
电缆与1kV以下架空线电杆		1.00	—
电缆与1kV以上架空线杆塔基础		4.00	—
建筑物基础（边线）		0.60	
排水沟		1.00	0.50

2 当采取隔离或防护措施时，可按下列规定执行：

3 电缆与热管道（沟）、油管道（沟）、可燃气体及易燃液体管道（沟）、热力设备或其他管道（沟）之间，虽净距能满足要求，但检修管路可能伤及电缆时，在交叉点前后1m范围内，尚应采取保护措施；当交叉净距离不能满足要求时，应将电缆穿入管中，其净距可为0.25m。

‹ **参考3** 《电力工程电缆设计标准》（GB 50217—2018）

第5.1.10条 爆炸性气体环境敷设电缆应符合下列规定：

2 电缆在空气中沿输送可燃气体的管道敷设时，宜配置在危险程度较低的管道一侧，并应符合下列规定：

1）可燃气体比空气重时，电缆宜配置在管道上方；

2）可燃气体比空气轻时，电缆宜配置在管道下方。

◁ **参考4** 《石油化工企业设计防火标准》（GB 50160—2008，2018 年版）

第7.2.5条 工艺和公用工程管道共架多层敷设时宜将介质操作温度等于或高于250℃的管道布置在上层，液化烃及腐蚀性介质管道布置在下层；必须布置在下层的介质操作温度等于或高于250℃的管道可布置在外侧，但不应与液化烃管道相邻。

◁ **参考5** 《石油化工全厂性工艺及热力管道设计规范》（SH/T 3108—2017）第6.1.9条 电缆槽架和仪表槽架宜布置在上层，其槽架附近或正下方不应布置有热影响的管道。

小结： 电缆与管道的间距建议参考《电力工程电缆设计标准》（GB 50217—2018）、《电气装置安装工程电缆线路施工及验收标准》（GB 50168—2018）等相关规范。

问 29 电缆桥架与装置之间的间距怎么考虑？架空电力线路与甲、乙类装置的间距是1.5倍杆塔高度吗？

答： 110kV电力电缆如果是公共供电电源电缆，原则上是不建议桥架敷设。110kV电力桥架与装置之间的间距应按厂区公共管廊与装置间距离执行，与甲乙类装置的间距应不小于3.0m；如果是设备（如电解变压器）电源电缆，当沿装置管架敷设，可不考虑与装置的间距，但与工艺管道间间距必须满足规范要求。1.5倍杆距是针对架空电力线路的，不适用公共管廊（桥架）与装置间的要求。

◁ **参考1** 《化工企业总图运输设计规范》（GB 50489—2009）

7.3.4 管架与建筑物、构筑物之间的最小水平间距，宜符合表7.3.4的规定。

表 7.3.4 等架与建筑物、构筑物之间的最小水平间距（m）

建筑物、构筑物	最小水平间距
建筑物有门窗的墙壁外缘或突出部分外缘	3.0
建筑物无门窗的墙壁外缘或突出部分外缘	1.5

◁ **参考2** 《工业企业总平面设计规范》（GB 50187—2012）

8.3.9 管架与建筑物、构筑物之间的最小水平间距应符合表8.3.9的规定。

表 8.3.9　管架与建筑物、构筑物之间的最小水平间距

建筑物、构筑物名称	最小水平间距（m）
建筑物有门窗的墙壁外缘或突出部分外缘	3.0
建筑物无门窗的墙壁外缘或突出部分外缘	1.5

小结：

1. 110kV 电力桥架与装置之间的间距应按厂区公共管廊与装置间距离执行，与甲乙类装置的间距应不小于 3.0m。

2. 110kV 电力电缆是供电电源电缆，原则上是不建议桥架敷设。1.5 倍杆距是针对架空电力线路的，不适用公共管廊（桥架）与装置间的要求。

问 30 电缆桥架和工艺管道能共架敷设吗？上下层敷设有要求吗？

答： 应视工艺介质情况而定，电缆桥架和工艺管道可以共架敷设，但应符合相关规范要求。参考依据如下：

◀ **参考 1** 《低压配电设计规范》(GB 50054—2011)

第 7.2.11 条　金属导管和金属槽盒敷设时，应符合下列规定：

1　与热水管、蒸汽管同侧敷设时，应敷设在热水管、蒸汽管下方。

当有困难时，亦可敷设在热水管、蒸汽管上方，其净距应符合下列要求：

1) 敷设在热水管下方时，不宜小于 0.2m；在上方时，不宜小于 0.3m；

2) 敷设在蒸汽管下方时，不宜小于 0.5m；在上方时，不宜小于 1.0m；对有保温措施的热水管、蒸汽管，其净距不宜小于 0.2m。

2　当不能符合本条第 1 款要求时，应采取隔热措施。

3　与其他管道的平行净距不应小于 0.1m。

4　当与水管同侧敷设时，宜将金属导管与金属槽盒敷设在水管的上方。

5　管线互相交叉时的净距，不宜小于平行的净距。

第 7.6.20 条　电缆托盘和梯架不宜敷设在热力管道的上方及腐蚀性液体管道的下方；腐蚀性气体的管道，当气体比重大于空气时，电缆托盘和梯架宜敷设在其上方；当气体比重小于空气时，宜敷设在其下方。电缆托盘和梯架与管道的最小净距，应符合表 7.6.20 的规定。

表 7.6.20 电缆托盘和梯架与各种管道的最小净距（m）

管道类别		平行净距	交叉净距
有腐蚀性液体、气体的管道		0.5	0.5
热力管道	有保温层	0.5	0.3
	无保温层	1.0	0.5
其他工艺管道		0.4	0.3

参考2 《电力工程电缆设计标准》（GB 50217—2018）

第 5.1.10 条 爆炸性气体环境敷设电缆应符合下列规定：

1 在可能范围宜保证电缆距爆炸释放源较远，敷设在爆炸危险较小的场所，并应符合下列规定：

1）可燃气体比空气重时，电缆宜埋地或在较高处架空敷设，且对非铠装电缆采取穿管或置于托盘、槽盒中等机械性保护；

2）可燃气体比空气轻时，电缆宜敷设在较低处的管、沟内；

3）采用电缆沟敷设时，电缆沟内应充砂。

2 电缆在空气中沿输送可燃气体的管道敷设时，宜配置在危险程度较低的管道一侧，并应符合下列规定：

1）可燃气体比空气重时，电缆宜配置在管道上方；

2）可燃气体比空气轻时，电缆宜配置在管道下方。

参考3 《建筑电气工程施工质量验收规范》（GB 50303—2015）

第 11.2.3 条 当设计无要求时，梯架、托盘、槽盒及支架安装应符合下列规定：

1. 电缆梯架、托盘和槽盒宜敷设在易燃易爆气体管道和热力管道的下方，与各类管道的最小净距应符合本规范附录 F 的规定。

附录 F 母线槽及电缆梯架、托盘和槽盒与管道的最小净距

表 F 母线槽及电缆梯架、托盘和槽盒与管道的最小净距（mm）

管道类别		平行净距	交叉净距
一般工艺管道		400	300
可燃或易燃易爆气体管道		500	500
热力管道	有保温层	500	300
	无保温层	1000	500

2. 配线槽盒与水管同侧上下敷设时，宜安装在水管的上方；与热水管、蒸气管平行上下敷设时，应敷设在热水管、蒸气管的下方，当有困难时，可敷

设在热水管、蒸气管的上方；相互间的最小距离宜符合本规范附录G的规定。

附录G 导管或配线槽盒与热水管、蒸汽管间的最小距离

表G 导管或配线槽盒与热水管、蒸汽管间的最小距离（mm）

导管或配线槽盒的敷设位置	管道种类	
	热水	蒸汽
在热水、蒸汽管道上面平行敷设	300	1000
在热水、蒸汽管道下面或水平平行敷设	200	500
与热水、蒸汽管道交叉敷设	不小于其平行的净距	

注：1.对有保温措施的热水管、蒸汽管，其最小距离不宜小于200mm；

2.导管或配线槽盒与不含可燃及易燃易爆气体的其他管道的距离，平行或交叉敷设不应小于100mm；

3.导管或配线槽盒与可燃及易燃易爆气体不宜平行敷设，交叉敷设处不应小于100mm；

4.达到不到规定距离时应采取可靠有效的隔离保护措施。

‹ **参考4** 《石油化工企业设计防火标准》（GB 50160—2008，2018年版）

第7.2.5条 工艺和公用工程管道共架多层敷设时宜将介质操作温度等于或高于250℃的管道布置在上层，液化烃及腐蚀性介质管道布置在下层；必须布置在下层的介质操作温度等于或高于250℃的管道可布置在外侧，但不应与液化烃管道相邻。

‹ **参考5** 《氢气使用安全技术规程》（GB 4962—2008）

第4.4.6条 氢气管道宜采用架空敷设，其支架应为非燃烧体。架空管道不应与电缆、导电线路、高温管线敷设在同一支架上。

问 31 电缆桥架可以穿越易燃物料储罐区后再到其他装置吗？

答： 可以，但应做好隔离密封措施。

‹ **参考** 《电气装置安装工程 爆炸和火灾危险环境电气装置施工及验收规范》（GB 50257—2014）

5.1.1 电气线路的敷设方式、路径，应符合设计要求。当设计无明确要求时，应符合下列规定：

2 敷设电气线路的沟道、电缆桥架或导管，所穿过的不同区域之间墙或楼板处的孔洞应采用非燃性材料严密堵塞。

5.2 爆炸危险环境内的电缆线路

5.2.1 电缆线路在爆炸危险环境内，必须在相应的防爆接线盒或分线

盒内连接或分路。

5.2.2 电缆线路穿过不同危险区域或界面时，应采取下列隔离密封措施：

1 在两级区域交界处的电缆沟内，应采取充砂、填阻火堵料或加设防火隔墙；

2 电缆通过与相邻区域共用的隔墙、楼板、地面及易受机械损伤处，均应加以保护；留下的孔洞，应堵塞严密。

综上所述，气电缆桥架可以穿越易燃物料储罐区后再到其他装置，但分界处必须采取良好的隔离和密封措施。

小结： 电气电缆桥架可以穿越易燃物料储罐区，但必须做好隔离和密封措施。

问 **32** 园区公共管廊内电缆中间接头如何设置？爆炸危险区域内的呢？

答： 园区的公共管廊，规划设计时首选应设置在非防爆区。鉴于园区公共管廊中的管道有阀门、放空阀等泄漏源，电力电缆不应设置中间接头。电缆长度通常限制在 600m，有些几公里长的管廊，电缆中间头的制作，可以采用熔接工艺。对于爆炸危险区域的管廊电缆，可以通过防爆接线盒或防爆接线箱等方式实现电缆的连接。

‹ 参考1 《石油化工装置电力设计规范》（SH/T 3038—2017）

第 5.8.2 条 爆炸危险环境电气线路的敷设 g）1 区内电缆线路不得有中间接头，2 区、20 区、21 区内电缆线路不应有中间接头。

‹ 参考2 《建筑电气工程施工质量验收规范》（GB 50303—2015）

第 14.1.3 条 绝缘导线接头应设置在专用接线盒（箱）或器具内，不得设置在导管和槽盒内，盒（箱）的设置位置应便于检修。

‹ 参考3 《爆炸危险环境电力装置设计规范》（GB 50058—2014）

第 5.4.3-6 条 在 1 区内电缆线路严禁有中间接头，在 2 区、20 区、21 区内不应有中间接头。

条文说明：对于爆炸危险区域内的中间接头，若将该接头置于符合相应区域等级规定的防爆类型的接线盒中时，则是符合要求的。本规范内的严禁在 1 区和不应在 2 区、20 区、21 区内设置中间接头，是指一般的没有特殊防护的中间接头。）

◁ **参考 4**　《危险场所电气防爆安全规范》（AQ 3009—2007）

第 6.1.1.1.10 条　在危险场所中使用的电缆不能有中间接头。当不能避免时，除适合于机械的、电的和环境情况外，连接应该：

在适应于场所防爆型式的外壳内进行；或配置的连接不能承受机械应力，应按制造厂说明，用环氧树脂、复合剂或用热缩管材进行密封。

注：除本质安全系统用电缆外，后一种方法不能在 1 区使用。

◁ **参考 5**　《自动化仪表工程施工及质量验收规范》（GB 50093—2013）

第 7.1.12 条　电缆不应有中间接头，当需要中间接头时，应在接线箱或接线盒内接线，接头宜采用压接；当采用焊接时，应采用无腐蚀性的焊药。补偿导线应采用压接。同轴电缆和高频电缆应采用专用接头。

小结： 在爆炸危险环境中使用的电缆不应有中间接头，确需接头时应将该接头置于符合相应区域等级规定的防爆类型的接线盒中。

问 33　电气管线穿楼板的规范要求有哪些？

答： 电气管线穿楼板的相关规范包括：

◁ **参考 1**　《电气装置安装工程电缆线路施工及验收标准》（GB 50168—2018）

第 8.0.2 条　应在下列孔洞处采用防火封堵材料密实封堵：

1　在电缆贯穿墙壁、楼板的孔洞处；

4　在电缆桥架穿过墙壁、楼板的孔洞处。

第 8.0.8 条　电缆孔洞封堵应严实可靠，不应有明显的裂缝和可见的孔隙，堵体表面平整，孔洞较大者应加耐火衬板后再进行封堵。有机防火堵料封堵不应有透光、漏风、龟裂、脱落、硬化现象；无机防火堵料封堵不应有粉化、开裂等缺陷。防火包的堆砌应密实牢固，外观应整齐，不应透光。

◁ **参考 2**　《电力工程电缆设计标准》（GB 50217—2018）

第 7.0.2 条　防火分隔方式选择应符合下列规定：1 电缆构筑物中电缆引至电气柜、盘或控制屏、台的开孔部位，电缆贯穿隔墙、楼板的孔洞处，工作井中电缆管孔等均应实施防火封堵。

◁ **参考 3**　《火力发电厂与变电站设计防火标准》（GB 50229—2019）

第 11.4.2 条　电缆从室外进入室内的入口处、电缆竖井的出入口处，建（构）筑物中电缆引至电气柜、盘或控制屏、台的开孔部位，电缆贯穿隔墙、楼板的空洞应采用电缆防火封堵材料进行封堵，其防火封堵组件的耐火极限应不低于被贯穿物的耐火极限，且不低于 1.00h。

◀ **参考 4** 《低压配电设计规范》（GB 50054—2011）

第 7.1.5 条　电缆敷设的防火封堵，应符合下列规定：

1　布线系统通过地板、墙壁、屋顶、天花板、隔墙等建筑构件时，其孔隙应按等同建筑构件耐火等级的规定封堵；

3　电缆防火封堵的材料，应按耐火等级要求，采用防火胶泥、耐火隔板、填料阻火包或防火帽；

4　电缆防火封堵的结构，应满足按等效工程条件下标准试验的耐火极限。

◀ **参考 5** 《建筑防火封堵应用技术标准》（GB/T 51410—2020）

第 5.3 节 "电气线路贯穿孔口的封堵"，对电缆穿楼板的封堵方式有明确规定。

◀ **参考 6** 《石油化工企业设计防火标准》（GB 50160—2008，2018 年版）

第 5.2.18-3 条　布置在装置内的控制室、机柜间面向有火灾危险性设备侧的外墙应为无门窗洞口、耐火极限不低于 3h 的不燃烧材料实体墙。（强制条款）

◀ **参考 7** 《建筑设计防火规范》（GB 50016—2014，2018 年版）

第 6.2.9-3 条　建筑内的电缆井、管道井应在每层楼板处采用不低于楼板耐火极限的不燃材料或防火封堵材料封堵。建筑内的电缆井、管道井与房间、走道等相连通的孔隙应采用防火封堵材料封堵。（强制条款）

◀ **参考 8** 《建筑电气工程施工质量验收规范》（GB 50303—2015）

第 10.2.5 条　母线槽安装应符合下列规定：

2）母线槽段与段的连接口不应设置在穿越楼板或墙体处，垂直穿越楼板处应设置与建（构）筑物固定的专用部件支座，其孔洞四周应设置高度为 50mm 及以上的防水台，并应采取防火封堵措施。

◀ **参考 9** 《石油化工电气工程施工及验收规范》（SH/T 3552—2021）

第 12.7.2 条　变压器出线到低配室母线槽孔、电缆或桥架穿过墙壁或楼板的孔洞、盘柜底板电缆入口等处应使用防火堵料或防火包密实封堵，不应有可见的孔隙或透光现象。

◀ **参考 10** 《石油化工仪表工程施工技术规程》（SH/T 3521—2013）

第 8.4.12 条　保护管穿过楼板和钢平台时，不得切割楼板内钢筋或平台钢梁；穿过楼板时，应加保护套管。

第 8.4.13 条　明敷设电缆穿过楼板、钢平台或隔墙处，应预留保护管，管段宜高出楼面 1m；穿墙保护管的套管或保护罩两端延伸出墙面的长度应小于 30mm。

参考 11　《综合布线系统工程验收规范》（GB/T 50312—2016）

第 6.2.1 条　配线子系统缆线敷设保护应符合下列规定：

1　金属导管、槽盒明敷设时，槽盒的连接部位不应设置在穿越楼板处和实体墙的孔洞处；

3　预埋暗管保护的金属管敷设在钢筋混凝土现浇楼板内时，导管的最大外径不宜大于楼板厚度的 1/3；导管在墙体、楼板内敷设时，其保护层厚度不应小于 30mm；预埋在墙体中间暗管的最大管外径不宜超过 50mm，楼板中暗管的最大管外径不宜超过 25mm，室外管道进入建筑物的最大管外径不宜超过 100mm；

4　设置桥架保护时桥架穿过防火墙体或楼板时，缆线布放完成后应采取防火封堵措施。

参考 12　《水电工程设计防火规范》（GB 50872—2014）

第 9.0.8 条　电缆穿越楼板、墙体的孔洞和进出控制室、电缆夹层、开关柜、配电盘、控制盘、自动装置盘和保护盘等电缆孔洞，以及靠近充油电气设备的电缆沟道盖板缝隙处，应用耐火极限不低于 1.00h 的不燃材料封堵。

参考 13　《住宅建筑电气设计规范》（JGJ 242—2011）

第 7.4.5 条　电气竖井内竖向穿越楼板和水平穿过井壁的洞口应根据主干线缆所需的最大路由进行预留。楼板处的洞口应采用不低于楼板耐火极限的不燃烧体或防火材料作封堵，井壁的洞口应采用防火材料封堵。

第 15.3.4 条　弱电间及弱电竖井应根据弱电系统进出缆线所需的最大通道，预留竖向穿越楼板、水平穿过墙壁的洞口。

参考 14　《民用建筑电气设计标准》（GB 51348—2019）

第 8.11.3 条　竖井的井壁应为耐火极限不低于 1h 的非燃烧体。竖井在每层楼应设维护检修门并应开向公共走廊，其耐火等级不应低于丙级。竖井内各层钢筋混凝土楼板或钢结构楼板应做防火密封隔离，线缆穿过楼板或井壁应采用与楼板、井壁耐火等级相同的防火堵料封堵。

小结：电气管线穿楼板可参考上述 GB 50168—2018 等规范。

问 34 甲类车间阻燃电缆等级应为多少?

答: 根据阻燃电缆的性能,B 级的阻燃特性为"难燃",A 级的阻燃特性为"不燃",建议甲类车间阻燃电缆等级选为 A 级阻燃。

参考 《电力工程电缆设计标准》(GB 50217—2018)

第 7.0.6 条 阻燃电缆的选用应符合下列规定:

1 电缆多根密集配置时的阻燃电缆,应采用符合现行行业标准《阻燃及耐火电缆塑料绝缘阻燃及耐火电缆分级和要求 第 1 部分:阻燃电缆》(XF 306.1—2007)规定的阻燃电缆,并应根据电缆配置情况、所需防止灾难性事故和经济合理的原则,选择适合的阻燃等级和类别;

2 当确定该等级和类别阻燃电缆能满足工作条件下有效阻止延燃性时,可减少本标准第 7.0.4 条的要求;

3 在同一通道中,不宜将非阻燃电缆与阻燃电缆并列配置。

小结: 甲类车间阻燃电缆宜选用 A 级。

问 35 移动式起重机与 35kV 输电线路的最小距离为 4m 依据哪个规范?

答: 依据《起重机械安全规程 第 1 部分:总则》(GB/T 6067.1—2010)

第 15.3.3 条 架空电线和电缆

起重机在靠近架空电缆线作业时,指派人员、操作者和其他现场工作人员应注意以下几点;

a)在不熟悉的地区工作时,检查是否有架空线;

b)确认所有架空电缆线路是否带电;

c)在可能与带电动力线接触的场合,工作开始之前,应首先考虑当地电力主管部门的意见;

d)起重机工作时,臂架、吊具、辅具、钢丝绳、缆风绳及载荷等,与输电线的最小距离应符合表 3 的规定。

表 3 起重机与输电线的最小距离

输电线路电压 V/kV	<1	1~20	35~110	154	220	330
最小距离/m	1.5	2	4	5	6	7

当起重机械进入到架空电线和电缆的预定距离之内时,安装在起重机

械上的防触电安全装置可发出有效的警报。但不能因为配有这种装置而忽视机的安全工作制度。

小结: 移动式起重机与 35kV 输电线路的最小距离为 4m 依据 GB/T 6067.1—2010。

问 36 高压线可以穿过厂区吗?

答: 地区架空线路不能穿越生产厂区;企业内部供电不宜使用架空线路。参考依据如下:

❮ **参考 1** 《化工和危险化学品生产经营单位重大生产安全事故隐患判定标准(试行)》(安监总管三〔2017〕121 号)

第九条 地区架空电力线路穿越生产区且不符合国家标准要求。这里的地区架空电力线路,指的是 35kV 及以上电压等级的线路。

❮ **参考 2** 《石油化工企业设计防火标准》(GB 50160—2008,2018 年版)

第 4.1.6 条 公路和地区架空电力线路严禁穿越生产区。

❮ **参考 3** 《精细化工企业工程设计防火标准》(GB 51283—2020)

第 4.2.7 条 采用架空电力线路进出厂区的变配电所,应靠近厂区边缘布置。

小结: 地区高压架空线路线不能穿越厂区,企业内部线路宜采用电缆架设。

问 37 检修现场的氧气、乙炔橡胶软管可以与电线电缆并行敷设或交织在一起吗?

答: 不可以。

从检修现场物的不安全状态分析,氧气、乙炔橡胶软管与电线电缆交织在一起,如果电缆因短路、过载等原因导致起火极有可能烧断氧气、乙炔橡胶软管,增加了火灾、爆炸的风险。参考依据如下:

❮ **参考 1** 《石油行业安全生产标准化 工程建设施工实施规范》(AQ 2046—2012)

第 5.5.5.5-b 条 焊接电缆线不应与气体胶管相互缠绕。

❮ **参考 2** 《电力建设安全工作规程 第 1 部分:火力发电》(DL 5009.1—

2014）

第 4.13.3-6 条　7）氧气、乙炔气及液化石油气橡胶软管横穿平台或通道时应架高布设或采取防压保护措施；严禁与电线、电焊线并行敷设或交织在一起。

小结： 氧气、乙炔橡胶软管不能与电线电缆并行敷设或交织在一起。

问 **38** 双电源线路是否可并行地埋？

具体问题： 两路独立电源线路 10kV 接入（双电源），线路是否可并行地埋？还是要走不同的路径？是否有规范要求？

答： 如果是给一级负荷供电的双电源，不建议并行地埋，以免同时受到机械损伤。参考依据如下：

‹ 参考1 《供配电系统设计规范》（GB 50052—2009）

第 3.0.2 条　一级负荷应由双重电源供电，当一电源发生故障时，另一电源不应同时受到损坏。（强制条款）

条文说明：一级负荷的供电应由双重电源供电，而且不能同时损坏，只有必须满足这两个基本条件，才可能维持其中一个电源继续供电。双重电源可一用一备，亦可同时工作，各供一部分负荷。

‹ 参考2 《20kV 及以下变电所设计规范》（GB 50053—2013）

第 4.1.8 条　供给一级负荷用电的两回电源线路的电缆不宜通过同一电缆沟；当无法分开时，应采用阻燃电缆，且应分别敷设在电缆沟或电缆夹层的不同侧的桥（支）架上；当敷设在同一侧的桥（支）架上时，应采用防火隔板隔开。

‹ 参考3 《电力工程电缆设计标准》（GB 50217—2018）

第 5.1.3.3 条　同一重要回路的工作与备用电缆应配置在不同层或不同侧的支架上，并应实行防火分隔。

‹ 参考4 《重要电力用户供电电源及自备应急电源配置技术规范》（GB/T 29328—2018）

第 6.2.7 条　采用双电源的同一重要电力用户，不宜采用同杆架设或电缆同沟敷设供电。

小结： 没有规范要求双电源线路是否可以平行直埋，但为避免同时受到挖掘等机械伤害，建议尽量避免平行敷设，若采取平行敷设，两路之间的距离应足够大，上面盖板的强度足够大，电缆标桩足够多，确保不同时受到伤害。

问 39　配电柜（盘）前方必须铺设绝缘胶垫吗？

答： 变配电室配电柜（盘）前方应铺设绝缘胶垫。参考依据如下：

> **参考 1** 《电力安全工作规程 发电厂和变电站电气部分》（GB 26860—2011）

第 7.3.6.6 条　装卸高压熔断器，应戴护目眼镜和绝缘手套，必要时使用绝缘夹钳，并站在绝缘物或绝缘台上。

第 12.3 条　低压不停电工作时，应站在干燥的绝缘物上，使用有绝缘柄的工具，穿绝缘鞋和全棉长袖工作服，戴手套和护目眼镜。

第 14.2.7 条　加压前应通知所有人员离开被试设备，取得试验负责人许可后方可加压。操作人应站在绝缘物上。

第 14.3.1 条　使用钳形电流表时，应注意钳形电流表的电压等级。测量时应戴绝缘手套，站在绝缘物上，不应触及其他设备，以防短路或接地。测量低压熔断器和水平排列低压母线电流前，应将各相熔断器和母线用绝缘材料加以隔离。观测表计时，应注意保持头部与带电部分的安全距离。

附录 E：绝缘胶垫试验周期为 1 年，使用于带电设备区域。

> **参考 2** 《危险化学品企业事故隐患排查治理实施导则》（安监总管三〔2012〕103 号）

附件 5　电气系统隐患排查表：

二、供配电系统设置及电气设备设施

5.1. 变配电室变压器、高压开关柜、低压配电柜操作面地面应铺设绝缘胶垫。

小结： 变配电室配电柜（盘）前方应铺设绝缘胶垫。

问 40　厂房内动力或照明配电箱的进线电缆的截面积有最低要求吗？还是根据负荷大小来定？

答： 电缆截面积应根据用电负荷容量、配电距离等因素确定，且需满足动热稳定和机械强度要求。负荷包括目前负荷和今后发展预留负荷。

> **参考** 《通用用电设备配电设计规范》（GB 50055—2011）

第 2.4.5 条　导线或电缆的选择应符合下列规定：

1 电动机主回路导线或电缆的载流量不应小于电动机的额定电流。当电动机经常接近满载工作时，导线或电缆载流量宜有适当的裕量；当电动机为短时工作或断续工作时，其导线或电缆在短时负载下或断续负载下的载流量不应小于电动机的短时工作电流或额定负载持续率下的额定电流。

2 电动机主回路的导线或电缆应按机械强度和电压损失进行校验。对于向一级负荷配电的末端线路以及少数更换导线很困难的重要末端线路，尚应校验导线或电缆在短路条件下的热稳定。

3 绕线式电动机转子回路导线或电缆载流量应符合下列规定：

1）起动后电刷不短接时，其载流量不应小于转子额定电流。

当电动机为断续工作时，应采用导线或电缆在断续负载下的载流量。

2）起动后电刷短接，当机械的起动静阻转矩不超过电动机额定转矩的50%时，不宜小于转子额定电流的35%；当机械的起动静阻转矩超过电动机额定转矩的50%时，不宜小于转子额定电流的50%。

小结： 动力或照明配电箱电缆截面积应根据用电负荷容量、配电距离等因素确定，且需满足动热稳定和机械强度要求。

问 41 罐区围堰内电气设备及电缆应设置在围堰外吗？

答： 给围堰内电气设备供电的电缆可以走围堰内，给其他设备供电的电缆应在围堰外敷设。电气设备可以设置在围堰内，按围堰内爆炸危险环境区域的等级和爆炸危险物质的类别、级别和组别选型选择相应的防爆电气设备。

参考依据如下：

参考1 《储罐区防火堤设计规范》（GB 50351—2014）

第3.1.4条 进出储罐组的各类管线、电缆应从防火堤、防护墙顶部跨越或从地面以下穿过。当必须穿过防火堤、防护墙时，应设置套管并应采用不燃烧材料严密封闭，或采用固定短管且两端采用软管密封连接的形式。

参考2 《石油化工罐区自动化系统设计规范》（SH/T 3184—2017）

第5.7.1条 罐区的仪表电缆宜采用埋地方式敷设，应符合《石油化工仪表管道线路设计规范》（SH/T 3019—2016）的要求。

第5.7.2条 罐区或局部不便于在地下设电缆的区域，应采用镀锌钢保护管或带盖板的全封闭具有防腐措施的金属电缆槽的方式敷设，不应采用非金属材料的保护管或电缆槽。

‹ **参考 3**　《中国石化石油库和罐区安全规定》（中国石化安〔2011〕757 号）

第 6.1.1 条　设置在爆炸危险区域内的电气设备、元器件及线路应符合该区域的防爆等级要求；设置在火灾危险区域的电气设备，应符合防火保护要求；设置在一般用电区域的电气设备，应符合长期安全运行要求。

‹ **参考 4**　《液化烃罐区安全管理规范》（T/CCSAS 016—2022）

第 5.6.7 条　罐区内供配电及仪表电缆宜采用防火堤外桥架或埋地敷设，防火堤内埋地敷设，出地面至设备处穿钢管保护。埋地敷设的电缆应防止地下水的侵蚀。防火堤内电缆如采用仪表汇线槽盒架空敷设时，电缆应为阻燃型电缆或耐火电缆。但为紧急切断阀提供电力的电缆应为耐火电缆或进行耐火保护。

第 5.6.9 条　与罐体相接的电气、仪表配线（铠装电缆除外）应采用金属管屏蔽保护，铠装电缆外皮或配线钢管与罐体应作电气连接。在相应的被保护设备处，应安装与设备耐压水平相适应的浪涌保护器。

小结：给围堰内电气设备供电的电缆可以走围堰内，给其他设备供电的电缆应在围堰外敷设。电气设备可以设置在围堰内，按围堰内爆炸危险环境区域的等级和爆炸危险物质的类别、级别和组别选型选择相应的防爆电气设备。

HEALTH SAFETY
ENVIRONMENT

第三章
电气防爆管理

严守电气防爆标准，严格防爆电气选型、安装
与维护，为特殊环境筑牢安全防线。

——华安

问 42　爆炸危险场所防爆电气检测单位的资质在哪里查？

答： 相关参考如下：

◁ **参考1** 《爆炸性环境　第16部分：电气装置检验与维护》（GB 3836.16—2024）

第5.4.2条　（固定式装置）定期检查的时间间隔一般不应超过3年。

第5.4.3条　移动式、个体式或便携式设备

a）每次使用前应由使用者进行目视检查；

b）至少应每隔12个月进行一次一般检查；

c）至少应每隔3年进行一次详细检查；其中对经常打开的外壳（例如电池盖）至少应每隔6个月进行一次详细检查。

第4.2.3资质对"负责人、具有管理职能的技术人员和专业人员的知识、技能和资质"做了要求，但是并未对检测单位资质提出要求。

通常情况下，一般认为防爆电气设备的检测发证机构具备检测能力，防爆电气检测发证机构可以在国家防爆电气产品质量检验检测中心查询。

◁ **参考2** 《市场监管总局关于进一步加强国家质检中心管理的意见》（国市监检测发〔2021〕16号）有关规定和《市场监管总局办公厅关于国家产品质量检验检测中心及其所在法人单位资质认定等有关事项的通知》（市监检测发〔2021〕55号）要求，"国家防爆电气产品质量监督检验中心"目前已变更为"国家防爆电气产品质量检验检测中心（CQST）"，并已由国家认监委颁发新名称的资质证书。

自变更之日起，CQST对外发放的有关检验报告、防爆合格证等将正式启用变更后的新名称：《国家防爆电气产品质量检验检测中心》。登录国家防爆检测认证网—国家防爆电气产品质量检验检测中心（CQST）防爆合格证查询。

小结： 一般认为防爆电气设备的检测发证机构具备检测能力，防爆电气检测发证机构可以在国家防爆电气产品质量检验检测中心查询。

问 43　电气设备装在甲类仓库外墙上需要防爆吗？

答： 安装在爆炸危险区域内的电气设备必须防爆，否则不需要防爆。

甲类仓库外墙上安装的电气设备是否需要防爆，需要结合甲类仓库的门、窗、洞、孔等实际情况和爆炸危险区域划分图，判定电气设备是否在

爆炸危险区域内，在爆炸危险区域内的电气设备必须防爆，否则不需要防爆。爆炸危险区域划分标准执行《爆炸危险环境电力装置设计规范》（GB 50058—2014）。

小结： 甲类仓库外墙上安装的电气设备，在爆炸危险区域内的必须防爆，否则不需要防爆。

问 44 防爆电气维修有什么规定吗？

答： 为了确保防爆电气设备长期安全、可靠运行，需要在防爆电气设备投运前进行初始检查、投运后进行连续监督和定期检查。防爆电气设备的检查和维护应由符合规定条件的有资质的专业人员进行。参考依据如下：

> **参考** 《危险场所电气防爆安全规范》（AQ 3009—2007）

第7.1.1条 为使危险场所用电气设备的点燃危险减至最小，在装置和设备投入运行之前工程竣工交接验收时，应对它们进行初始检查；为保证电气设备处于良好状态，可在危险场所长期使用，应进行连续监督和定期检查。检查项目见表10至表18的相应条款。初始检查和定期检查应委托具有防爆专业资质的安全生产检测检验机构进行。

第7.1.2条 防爆电气设备的检查和维护应由符合规定条件的有资质的专业人员进行，这些人员应经过包括各种防爆型式、安装实践、相关规章和规程以及危险场所分类的一般原理等在内的业务培训，这些人员还应接受适当的继续教育或定期培训，并具备相关经验和经过培训的资质证书。

小结： 防爆电气设备的检查和维护应由符合规定条件的有资质的专业人员进行。

问 45 如何验证现场防爆电气设备的防爆性能？第三方检测是不是有地域要求？

答： 1. 应委托具有防爆专业资质的安全生产检测检验机构对现场防爆电气设备进行检测，并出具报告，规范要求每三年检测一次。

2. 现场的防爆电气设备如果是根据设计文件采购，且设备生产厂家有相关资质，有相关合格证书，防爆证书和标志，并能在国家防爆检测认证网等官方网站上查到相关防爆信息，可视为它的防爆性能符合要求。内蒙古、上海市等地区危化企业均实施了防爆电气设备的定期检测。

登录国家防爆检测认证网—国家防爆电气产品质量检验检测中心（CQST）防爆合格证查询。

3.防爆电气设备第三方检测没有也不应该有地域要求，只要有资质就可以。

◁ **参考** 《危险场所电气防爆安全规范》（AQ 3009—2007）

第7.1.3.2条 定期检查应委托具有防爆专业资质的安全生产检测检验机构进行，时间间隔一般不超过3年。企业应当根据检查结果及时采取整改措施，并将检查报告和整改情况向安全生产监督管理部门备案。初始、定期和连续监督的所有结果应记录。

小结： 现场防爆电气设备定期检查应委托具有防爆专业资质的安全生产检测检验机构进行，时间间隔一般不超过3年。

问 **46** **在爆炸危险区域2区，如何设置电机进线防爆挠性管？**

具体问题： 在爆炸危险区域2区的机泵设备，电机进线口标配为一个压块（中间有穿线的橡胶圈）。动力电缆进入电机接线盒时，将电缆穿过橡胶圈，然后直接利用压块，压紧橡胶圈。必须在压块上加工内螺纹，然后对动力电缆穿防爆挠性管进行保护吗？

答： 可以参考《电气装置安装工程 爆炸和火灾危险环境电气装置施工及验收规范》（GB 50257—2014）、《爆炸危险环境电气线路和电气设备安装》（图集 12D401-3）。

◁ **参考1** 《电气装置安装工程 爆炸和火灾危险环境电气装置施工及验收规范》（GB 50257—2014）

第5.2.3条 防爆电气设备、接线盒的进线口，引入电缆后的密封应符合下列规定：

1 当电缆外护套穿过弹性密封圈或密封填料时，应被弹性密封圈挤紧或被密封填料封固。

2 外径大于或等于20mm的电缆，在隔离密封处组装防止电缆拔脱的组件时，应在电缆被拧紧或封固后，再拧紧固定电缆的螺栓。

3 电缆引入装置或设备进线口的密封，应符合下列规定：

1）装置内的弹性密封圈的一个孔，应密封一根电缆。

2）被密封的电缆断面，应近似圆形。

3）弹性密封圈及金属垫应与电缆的外径匹配，其密封圈内径与电缆外径允许差值为 ±1mm。

4）弹性密封圈压紧后，应将电缆沿圆周均匀挤紧。

4　有电缆头腔或密封盒的电气设备进线口，电缆引入后应浇灌固化的密封填料，填塞深度不应小于引入口径的 1.5 倍，且不得小于 40mm。

5　电缆与电气设备连接时，应选用与电缆外径相适应的引入装置，当选用的电气设备的引入装置与电缆的外径不匹配时，应采用过渡接线方式，电缆与过渡线应在相应的防爆接线盒内连接。

条文说明：5.2.3 本条根据现行国家标准《爆炸性环境用防爆电气设备通用要求》GB 3836.1 进行修订，是为了防止电气设备及接线盒内部产生爆炸时，由引入口的空隙而引起外部爆炸。

第 5.2.4 条　电缆配线引入防爆电动机需挠性连接时，可采用挠性连接管，其与防爆电动机接线盒之间，应按防爆要求加以配合，不同的使用环境条件应采用不同材质的挠性连接管。

条文说明：5.2.4 根据引入装置的现状及工矿企业运行经验，使用具有一定机械强度的挠性连接管及其附件即可满足要求。只要进线电缆、挠性软管和防爆电动机接线盒之间的配合符合防爆要求即可。所采用的挠性连接管类型应适合所使用的环境特征，如防腐蚀、防潮湿和环境温度对挠性管的特殊要求。

◀ **参考 2**　《爆炸危险环境电气线路和电气设备安装》（图集 12D401-3）3-3。

小结： 无需钢管布线的电缆引入电动机接线盒可不用挠性管，确需挠性管连接的应按规范进行安装，确保连接规范，防爆性能有效。

问 **47**　电缆穿管或者使用防爆软管能起防爆作用吗？

答： 在爆炸危险环境内，电缆穿管或者使用防爆软管需考虑防爆，应根据不同的防爆型式，采用不同的安装、配置和维护策略，满足不同防爆型式的防爆技术要求。比如：隔爆型电气设备，在进线口处应有符合要求的隔爆型的格兰、符合要求的隔爆型 Y 型隔离密封盒或符合《防爆挠性连接管》（JB 9600—1999）的隔爆型挠性管等，备用进线口应有符合要求的隔爆型堵头等。又如：本安型电气设备，进线口需要满足一定防护等级即可（注：对于仪表工程，部分标准要求采用增安型或隔爆型元件）。不同防爆型式的原理可参考 GB 3836 系列标准。

小结： 爆炸危险区域的防爆电气设备，应根据不同的防爆型式，采用不同的安装、配置和维护策略，满足不同防爆型式的防爆技术要求。

问 **48** 气体环境场所防爆电气设备可以用于粉尘爆炸危险场所吗？

答：不可以。

爆炸性气体环境用的电气设备、爆炸性粉尘环境用的电气设备需取得对应环境下防爆认证，气体防爆与粉尘防爆没有对比性和互换性，其防爆型式、试验方法、型式试验、例行试验、防爆标志等均有差异。若处在爆炸性气体和粉尘环境，其电气设备应同时取得气体防爆和粉尘防爆认证，并分别给出所有相关的防爆标志。需要注意防爆型式、类别、温度组别、设备保护级别与所处环境的匹配程度。参考依据如下：

> **参考** 《爆炸性环境　第1部分：设备通用要求》（GB/T 3836.1—2021）

第4.3条　Ⅱ类设备用于除煤矿瓦斯气体环境之外的其他爆炸性气体环境。

第4.4条　Ⅲ类设备用于除煤矿之外的爆炸性粉尘环境。

小结：气体环境场所防爆电气设备不可以用于粉尘爆炸危险场所。

问 **49** 爆炸危险环境设计需要考虑高温蒸汽吗？

答：需要。

高温蒸汽不属可燃性液体的蒸气，不属爆炸性蒸气。但在进行爆炸危险环境设计时，应考虑高温蒸汽对其他可燃液体蒸汽的影响。

> **参考** 《爆炸危险环境电力装置设计规范》（GB 50058—2014）

爆炸危险区域划分应"结合具体情况，充分分析影响区域的等级和范围的各项因素包括可燃物质的释放源、释放速度、沸点、温度、闪点、相对密度、爆炸下限、障碍等及生产条件。

小结：在进行爆炸危险环境设计时，应考虑可燃液体的蒸汽。

问 **50** 如何理解氧气站火灾危险区？

具体问题：《氧气站设计规范》（GB 50030—2013）第8.0.2条出现21区、22区火灾危险区的概念，如何理解？

答：参考如下：

> **参考** 《氧气站设计规范》（GB 50030—2013）

第 8.0.2 条 有爆炸危险、火灾危险的房间或区域内的电气设施应符合现行国家标准《爆炸和火灾危险环境电力装置设计规范》（GB 50058）的有关规定。

该《爆炸和火灾危险环境电力装置设计规范》（GB 50058）指的是 GB 50058—1992，其中 21 区和 22 区描述的是火灾危险区。GB 50058—2014 中已将"火灾危险环境"内容删除，具体参考第 4.2.2 条对 20 区、21 区、22 区的分区规定。

问 51 涉及粉煤的电气设备的防爆等级可以用 Exd Ⅱ CT4 代替 Exd Ⅲ CT4 吗？

答： 涉及粉煤的电气设备的防爆等级的选择应符合《爆炸危险环境电力装置设计规范》（GB 50058—2014）、《爆炸性环境 第 1 部分：设备 通用要求》（GB/T 3836.1—2021）、《爆炸性环境 第 31 部分：由防粉尘点燃外壳"t"保护的设备》（GB/T 3836.31—2021）等标准。

小结： 粉尘防爆级别和气体防爆级别不分高低，相互之间也不存在替代关系。涉及粉煤的电气设备的防爆应选用粉尘防爆类型的电气设备及线路，不可以用 Exd Ⅱ CT4 代替 Exd Ⅲ CT4。

问 52 锅炉上煤皮带及破碎区属于爆炸性粉尘环境吗？

答： 按照《爆炸危险环境电力装置设计规范》（GB 50058—2014）附录 E 可燃性粉尘特性举例，煤粉尘属于可能形成粉尘爆炸危险区域的物料。

> **参考** 《危险场所电气安全防爆规范》（AQ 3009—2007）

C.3.2 21 区

可划分成 21 区的场所举例：

内部压力不低于大气压力的粉尘罐体外部和正常工作时需经常打开或移动的门盖附近；

粉尘蝶体外部、无防护措施的填充口、倒空口、送料带、取样口、卡车倾卸站的附近；

划分成 21 区的场所若采取防止采取形成爆炸性粉尘/空气环境的措施可降级成为 22 区。这类措施包括排风，可用于填充口、倒空口、送料带、取样口、卡车倾卸站的附近。

根据上述条文，锅炉上煤皮带（送料带）及破碎区应属于粉尘防爆 21 区，采取了降尘措施后可降为 22 区。

小结： 锅炉上煤皮带（送料带）及破碎区应属于粉尘防爆 21 区，采取了降尘措施后可降为 22 区。

问 53　双氧水储罐输送泵电机需要防爆吗？如何确定防爆等级？

答： 双氧水自然分解出的氧气为非爆炸危险性气体，无需防爆。

理由如下：

◁ **参考**　《石油化工企业设计防火标准》（GB 50160—2008，2018年版）

第 5.3.5 条　罐组的专用泵区应布置在防火堤外。

电动机作为原动机，就跟随输送泵布置在围堰以外。

双氧水自然分解量较小，分解产物氧气与空气中的氧气相同，不会导致现场达到富氧环境。电动机接线盒及机身有一定程度的密封性，接线盒内达到富氧环境的可能性极小，不至于扩大电气故障的电弧危害。

小结： 双氧水储罐输送泵电机无需防爆。

问 54　燃气锅炉间（丁类、明火）的爆炸危险区域如何划分？
　　　电气设备防爆如何选型？

答： 非防爆区域。除通风装置需要防爆外其他电气设备无需防爆。

参考依据如下：

◁ **参考 1**　《城镇燃气设计规范》（GB 50028—2006，2020 年版）

附录 E.0.6 条　下列用电场所可划为非爆炸危险区域：

3　在生产过程中使用明火的设备或炽热表面温度超过区域内可燃气体着火温度的设备附近区域。如锅炉房、热水炉间等。

◁ **参考 2**　《锅炉房设计标准》（GB 50041—2020）

第 15.3.7 条　设在其他建筑物内的燃油、燃气锅炉房的锅炉间，应设置独立的送排风系统，其通风装置应防爆。

小结： 燃气锅炉间可划为非爆炸危险区域。燃气锅炉间内通风装置应防爆。

问 55　储罐区防护堤外和泵棚外防爆配电箱的防爆温度等级一般为多少？

答： 储罐区防护堤外和泵棚外一般属于非爆炸危险区域，可采用非防爆电气。

在爆炸危险区域，电气设备的最高表面温度应不超过爆炸危险气体或蒸汽的引燃温度。

因此，应根据周围可能出现的可燃气体或蒸气的引燃温度来确定选型，参考《危险场所电气防爆安全规范》（AQ 3009—2007）。

5.2.2　根据气体或蒸汽的引燃温度选型

电气设备应按其最高表面温度不超过可能出现的任何气体或蒸汽的引燃温度选型。

电气设备上温度组别标志意义见表4。

如果电气设备未标示环境温度范围，设备应在 −20℃～+40℃温度范围内使用。如果电气设备标志了该温度范围，设备只能在这个范围内使用。

表4　温度组别、引燃温度和允许的设备温度组别之间的关系

危险场所要求的温度组别	气体或蒸气的引燃温度	允许的设备温度组别
T1	>450℃	T1-T6
T2	>300℃	T2-T6
T3	>200℃	T3-T6
T4	>135℃	T4-T6
T5	>100℃	T5-T6
T6	>85℃	T6

小结： 储罐区防护堤外和泵棚外一般属于非爆炸危险区域，可采用非防爆电气。如在爆炸危险区域内，防爆温度等级参考 AQ 3009—2007。

问 56　防爆区穿线管使用什么进行封堵好一些？除胶泥封堵还有什么更好的办法吗？

答： 通用做法为使用防爆胶泥进行封堵，目前没有其他更好的封堵办法。

问 57　如何理解 G 螺纹不能用在隔爆设备上？

答： G 螺纹失爆概率大，隔爆设备不建议用 G 螺纹。

◀ **参考1** 《爆炸性环境 第2部分：由隔爆外壳"d"保护的设备》（GB 3836.2）的2010年版未禁止隔爆设备采用G螺纹，2021年版已经不推荐使用了。

◀ **参考2** 《关于G螺纹在隔爆型设备中应用的说明》（国检爆办字〔2020〕第012号）

1）欧盟ATEX认证和国际电工委员会IECEx认证中隔爆型设备仅采用公制螺纹M和NPT螺纹作为隔爆螺纹接合面，不采用G螺纹作为隔爆螺纹接合面。

2）在实验室检验过程中，G螺纹接合面进行内部点燃的不传爆试验时频繁出现传爆的情况，不符合隔爆型设备的防爆性能要求。

3）由于管螺纹的配合公差大，安装在现场的采用G螺纹的隔爆型设备，其螺纹接合面的参数很难达到标准规定的参数要求。

4）在IEC-60079-1：2014标准的附录C2.2明确了圆柱形螺纹接合面应为公制螺纹接合面，螺纹的公差等级不低于6g/6H。

小结： 隔爆设备不建议用G螺纹。

问 58 静电跨接不规范属于重大隐患吗？

答： 不属于。静电跨接不规范未列入重大隐患范畴。

◀ **参考** 《化工和危险化学品生产经营单位重大生产安全事故隐患判定标准》（安监总管三〔2017〕121号）

问 59 罐区防爆电缆穿管接口未封堵不规范属于重大隐患吗？

答： 不属于，参考依据如下：

◀ **参考1** 《化工和危险化学品生产经营单位重大生产安全事故隐患判定标准》（安监总管三〔2017〕121号）

十二、涉及可燃和有毒有害气体泄漏的场所未按国家标准设置检测报警装置，爆炸危险场所未按国家标准安装使用防爆电气设备。

◀ **参考2** 《化工重大生产安全事故隐患判定标准参考细则》应急部发布的重点县检查手册 附件5：爆炸危险场所使用的防爆电气设备因缺少螺栓、缺少封堵等造成防爆功能暂时缺失的，可不判定为重大隐患。

但已影响防爆性能，应马上整改。

小结： 爆炸危险场所使用的防爆电气设备因缺少螺栓、缺少封堵等造成防爆功能暂时缺失的，可不判定为重大隐患。

问 60 防爆电气设备缺少封堵、缺螺栓等属于重大隐患吗？

答：不属于，参考依据同【问59】。

问 61 装车泵区防爆区域内接线口未封堵，是否构成重大隐患？

答：不属于，参考依据同【问59】。

问 62 液氨罐区部分电缆接线箱封堵不严，甲醇储罐区围堰外侧防爆动力箱、仪表箱电缆未封闭存在失爆现象，是否构成重大隐患？

答：不属于，参考依据同【问59】。

问 63 盐酸合成炉爆炸区温度变送器防爆盖缺失，是否构成重大隐患？

答：不属于，参考依据同【问59】。

问 64 液氨罐区、硝酸铵罐区部分电缆接线箱封堵不严，是否构成重大隐患？

答：不属于，参考依据同【问59】。

问 65 柴油储罐区视频监控控制箱为非防爆设备，是否构成重大隐患？

答：对于在役项目，不能简单一概而论，应根据具体情况确定。

柴油储罐区视频监控控制箱为非防爆设备，是否构成了重大隐患，其核心判断依据是安装场合是否为爆炸危险场所。

柴油是比较特殊的介质，需要根据其组分情况、工况温度确定是否可形成爆炸危险性场所。

根据《爆炸危险环境电力装置设计规范》（GB 50058—2014），形成爆炸危险性场所，并需防爆设计的要求如下：

第 3.1.1 条　在生产、加工、处理、转运或贮存过程中出现或可能出现下列爆炸性气体混合物环境之一时，应进行爆炸性气体环境的电力装置设计：

1　在大气条件下，可燃气体与空气混合形成爆炸性气体混合物；

2　闪点低于或等于环境温度的可燃液体的蒸气或薄雾与空气混合形成爆炸性气体混合物；

3　在物料操作温度高于可燃液体闪点的情况下，当可燃液体有可能泄漏时，可燃液体的蒸气或薄雾与空气混合形成爆炸性气体混合物。

根据《爆炸危险环境电力装置设计规范》（GB 50058—2014），可参考如下方法进行场景判别：

1）柴油成品油罐区组分纯净，温度不高，状态稳定，不能形成爆炸性气体或蒸汽，不能形成爆炸危险场所。这种情况下，视频监控控制箱为非防爆设备，则不构成重大隐患。

2）对于生产加工过程中的柴油，或生产加工过程中间罐区柴油，通常组分不纯，含有轻组分，会产生爆炸性气体；温度高时会产生爆炸性气体或蒸汽。这种情况下，视频监控控制箱若为非防爆设备，则构成了重大隐患。

3）对于新建项目，国内普遍习惯于直接选用防爆电气仪表设备，而不再细分应用场景。

小结：柴油储罐区视频监控控制箱为非防爆设备，是否构成重大隐患需根据安装场合进行判断。

问 66　装置区非防爆空调属于重大隐患吗？

答：若在爆炸危险环境内，则属于重大隐患。

参考1　《爆炸危险环境电力装置设计规范》（GB 50058—2014）

5.1.1　爆炸性环境内设置的防爆电气设备应符合现行国家标准《爆炸性环境　第 1 部分：设备 通用要求》（GB 3836.1）的有关规定。

参考2　《化工和危险化学品生产经营单位重大生产安全事故隐患判定

标准（试行）》（安监总管三〔2017〕121号）

第十二条　爆炸危险场所未按国家标准安装使用防爆电气设备。

小结：爆炸危险装置区安装使用非防爆电气设备属于重大隐患。

问 67　石脑油罐区泵房一侧机柜室外爆炸危险区域内装有非防爆的外机空调，是否构成重大隐患？

答：构成。参考依据同【问66】。

问 68　制磷车间电炉四楼防爆区域使用非防爆电气，判定为重大隐患是否有依据？

答：有。参考依据同【问66】。

问 69　固体甲醇钠车间爆炸危险区使用非防爆的手持式缝包机，是否构成重大隐患？

答：构成。参考依据同【问66】。

问 70　电解车间氢气储罐防爆区使用非防爆配电箱，是否构成重大隐患？

答：构成。参考依据同【问66】。

问 71　罐区（三级重大危险源）防爆区使用非防爆摄像头，氨冷冻压缩机防爆区使用非防爆压力开关，是否构成重大隐患？

答：构成。参考依据同【问66】。

问 72　油罐防爆区域使用非防爆对讲机，是否构成重大隐患？

答：构成。参考依据同【问66】。

问 73 油气回收集成橇防爆区使用非防爆电磁阀，装车泵区接线口未封堵，是否构成重大隐患？

答： 构成。参考依据同【问66】。

问 74 化工生产车间和粗苯罐区等爆炸危险场所的部分电气设备和穿线设计不符合电气防爆标准，判定为重大隐患是否有依据？

答： 在爆炸危险场所的电气设备和布线设计不符合电气防爆标准，可判定为重大隐患。参考依据如下：

〈参考1 《爆炸危险环境电力装置设计规范》（ GB 50058—2014 ）

3.1.1 在生产、加工、处理、转运或贮存过程中出现或可能出现下列爆炸性气体混合物环境之一时，应进行爆炸性气体环境的电力装置设计。

〈参考2 《爆炸性环境 第15部分：电气装置的设计、选型和安装》（ GB/T 3836.15—2017 ）

9. 布线系统

9.1 总则 除本质安全电路和限能电路的安装不需要符合9.3.2～9.3.7的要求外，布线系统应完全符合本章。

〈参考3 《化工和危险化学品生产经营单位重大生产安全事故隐患判定标准（试行）》（ 安监总管三〔 2017 〕121 号 ）

第十二条 爆炸危险场所未按国家标准安装使用防爆电气设备。

小结： 化工生产车间和粗苯罐区等爆炸危险场所的部分电气设备和穿线设计不符合电气防爆标准，根据《化工和危险化学品生产经营单位重大生产安全事故隐患判定标准（试行)》（安监总管三〔2017〕121 号）可判定为重大隐患。

问 75 树脂分装厂房未选用爆炸粉尘环境防爆电气设备，判定为重大隐患是否有依据？

答： 应首先确定树脂分装厂房是否为爆炸性粉尘环境。

《树脂在工贸行业重点可燃性粉尘目录（2015 版）》里，序号32。《爆炸危险环境电力装置设计规范》（GB 50058—2014）"附录 E 可燃性粉尘特性举例"的表中包含树脂。由此可见，树脂属于可燃性粉尘。

但是，根据 GB 50058—2014　第 4 章 爆炸性粉尘环境，树脂能否形成爆炸性粉尘环境，还要看释放源情况和室内环境条件。因此，需根据 GB 50058—2014 第 4 章，先对厂房内环境进行评估，确定是否为爆炸性粉尘环境。

如果确定为爆炸性粉尘环境，根据《爆炸危险环境电力装置设计规范》（GB 50058—2014）第 4.1.1 条　当在生产、加工、处理、转运或贮存过程中出现或可能出现可燃性粉尘与空气形成的爆炸性粉尘混合物环境时，应进行爆炸性粉尘环境的电力装置设计。

如果确定为爆炸性粉尘环境，但又未选用粉尘防爆电气设备，根据《化工和危险化学品生产经营单位重大生产安全事故隐患判定标准（试行）》安监总管三〔2017〕121 号第十二条　爆炸危险场所未按国家标准安装使用防爆电气设备。可判定为重大隐患。

小结： 若树脂分装厂房为爆炸性粉尘环境，未选用粉尘防爆电气设备，可判定为重大隐患。

问 76　高氯酸钾包装车间设计为防爆 2 区，接线盒未采用防爆设备，判定为重大隐患是否有依据？

答： 在爆炸危险 2 区内，对于非本安防爆线路，如果接线盒未采用防爆型，根据《化工和危险化学品生产经营单位重大生产安全事故隐患判定标准（试行）》（安监总管三〔2017〕121 号）第十二条　爆炸危险场所未按国家标准安装使用防爆电气设备的判定标准，可判定为重大隐患。

但是，高氯酸钾为结晶性粉末，熔点 525℃，不能形成爆炸性气体环境，不会形成爆炸危险 2 区。因为不属防爆 2 区，接线盒未采用防爆设备，可以不判重大隐患。

因此，高氯酸钾包装车间是否属于爆炸性危险环境，需要进一步核实确定。

小结： 应进一步核实高氯酸钾包装车间是否为爆炸性区域，若是爆炸性区域，则应使用防爆设备，否则构成重大隐患。

问 77　咪唑烷车间照明不防爆，不符合 GB 50058—2014 要求，判定为重大隐患是否有依据？

答： 有。参考如下：

咪唑烷，又名咪唑胺、硝基亚氨基咪唑烷、N-硝基亚氨基、N-硝基亚氨基咪唑烷。其熔点 219 至 220℃，闪点 108.1℃，外观为白色结晶粉末，不在《危险化学品目录（2015 版）》里，也不在《工贸行业重点可燃性粉尘目录（2015 版）》里，也不在《爆炸危险环境电力装置设计规范》（GB 50058—2014）规定的范围内。

但是，咪唑烷制备方法是由硝基胍与乙二胺进行环合制得，乙二胺是易燃液体，类别 3，乙类火灾危险性。咪唑烷的生产车间如果使用乙二胺原料，根据 GB 50058 等规范，可形成爆炸危险环境，应采用防爆电气。

根据《化工和危险化学品生产经营单位重大生产安全事故隐患判定标准（试行）》（安监总管三〔2017〕121 号）第十二条　爆炸危险场所未按国家标准安装使用防爆电气设备。可判定为重大隐患。

小结： 咪唑烷车间不采用防爆照明灯具为重大隐患。

第四章
接地与静电跨接

做好静电管控措施，科学接地与跨接，消除静
电危害，守护生产安全。

——华安

问 **78** 哪些规范对静电接地有具体要求？

答： 经收集整理，以下 27 个规范对静电接地提出了相关要求，请结合具体场景选择相应适用规范：

参考 1 《化工企业静电接地设计规程》（HG/T 20675—1990）

第 2.7.5 条 当金属法兰采用金属螺栓或卡子相紧固时，一般情况可不必另装静电连接线。在腐蚀条件下，应保证至少有两个螺栓或卡子间的接触面，在安装前去锈和除油污，以及在安装时加防松螺帽等。

条文说明：从不少单位的实践经验来看，用金属螺栓相连的金属法兰之间，单是螺栓相连，已具有足够的静电导通性。在有腐蚀条件下的安装要求，为的是确保导通性。

第 3.4.4 条 各种装载易燃、易爆物品的容器，如桶、瓶等，应放置在导电的地坪上，导电地坪应无绝缘油垢，并与接地线相连。带轮子的小车，其轮子应采用有导电性能的材质制作。计量用的台秤、地衡等应用连接线与接地干线相连接。小型容器应采用电池夹子、跨接线与接地干线相连接。

第 3.4.5 条 皮带输送机的皮带应尽量选用导电性的材质。当皮带是绝缘性时，皮带的接头不应使用金属材料。皮带罩必须接地，且固定牢固，不得与皮带有碰刮的现象。

参考 2 《石油化工静电接地设计规范》（SH/T 3097—2017）

第 4.1.1 条 在生产加工、储运过程中，设备、管道、操作工具及人体等，有可能产生和积聚静电而造成静电危害时，应采取静电接地措施。

第 5.1.1 条 固定设备（塔、容器、机泵、换热器、过滤器等）的外壳，应进行静电接地。覆土设备一般可不做静电接地。

第 5.3.4 条 （管道系统）当金属法兰采用金属螺栓或卡子紧固时，一般可不必另装静电连接线，但应保证至少有两个螺栓或卡子间具有良好的导电接触面。

参考 3 《石油库设计规范》（GB 50074—2014）

第 14.2.12 条 在爆炸危险区域内的工艺管道，应采取下列防雷措施：1 工艺管道的金属法兰连接处应跨接。当不少于 5 根螺栓连接时，在非腐蚀环境下可不跨接。

第 14.3.8 条 甲、乙和丙 A 类液体的汽车罐车或灌桶设施，应设置与罐车或桶跨接的防静电接地装置。

第 14.3.9 条 易燃和可燃液体装卸码头，应设与船舶跨接的防静电接地装置。

◀ **参考 4**　《石油化工企业设计防火标准》（GB 50160—2008，2018年版）

第 9.3.1 条　对爆炸火灾危险场所内可能产生静电危险的设备和管道，均应采取静电接地措施。

第 9.3.2 条　在聚烯烃树脂处理系统、输送系统和料仓区应设置静电接地系统，不得出现不接地的孤立导体。

第 9.3.5 条　汽车罐车、铁路罐车和装卸栈台应设静电专用接地线。

◀ **参考 5**　《锅炉房设计标准》（GB 50041—2020）

第 15.2.17 条　气体和液体燃料管道应有静电接地装置；当其管道为金属材料，且与防雷或电气系统接地保护线相连时，可不设静电接地装置。

◀ **参考 6**　《泡沫灭火系统设计规范》（GB 50151—2021）

第 3.7.10 条　对于设置在防爆区内的地上或管沟敷设的干式管道，应采取防静电接地措施，且法兰连接螺栓数量少于 5 个时应进行防静电跨接。钢制甲、乙、丙类液体储罐的防雷接地装置可兼作防静电接地装置。

◀ **参考 7**　《干粉灭火系统设计规范》（GB 50347—2004）

第 7.0.7 条　当系统管道设置在有爆炸危险的场所时，管网等金属件应设防静电接地。

◀ **参考 8**　《发生炉煤气站设计规范》（GB 50195—2013）

第 17.0.5 条　煤气管道应设导除静电的接地设施。

◀ **参考 9**　《医药工业洁净厂房设计标准》（GB 50457—2019）

第 6.4.3 条　输送甲类、乙类可燃、易爆介质的管道应设置导除静电的接地设施。

第 11.4.3 条　医药洁净室的净化空气调节系统宜采取防静电接地措施。

◀ **参考 10**　《印染工厂设计规范》（GB 50426—2016）

第 8.4.6 条　用于有爆炸危险房间的通风系统，应有可靠的防静电接地措施。

◀ **参考 11**　《防止静电事故通用导则》（GB 12158—2006）

第 6.4.10 条　收集和过滤粉料的设备，应采用导静电的容器及滤料并予以接地。

◀ **参考 12**　《石油化工有毒、可燃介质钢制管道工程施工及验收规范》（SH/T 3501—2021）

第 7.2.13 条 设计文件有静电接地要求的管道，应对法兰或螺纹连接接头进行电阻值测定。当法兰或螺纹连接接头间电阻值大于 0.03Ω 时，应有导线跨接并符合 SH/T 3097—2017 和设计文件的有关规定。接地电阻值、接地位置及连接方式应符合设计文件要求。

第 7.2.14 条 不锈钢管道静电接地专用接地板应采用不锈钢板制作，接地引线不得与不锈钢管直接连接。

◀ **参考 13** 《加氢站技术规范》(GB 50516—2010，2021 年版)

第 10.3.1 条 加氢站氢系统中可能产生和积聚静电而造成静电危险的设备、管道、作业工具，均应采取防静电措施。

◀ **参考 14** 《化学工业污水处理与回用设计规范》(GB 50684—2011)

第 5.3.10 条 隔油池（罐）的机电设备应采取防爆措施，并应设防静电接地设施。

◀ **参考 15** 《防静电工程施工与质量验收规范》(GB 50944—2013)

第 3.0.2 条 新建工程项目，应在土建施工时预设防静电接地装置。

◀ **参考 16** 《气体灭火系统设计规范》(GB 50370—2005)

第 6.0.6 条 经过有爆炸危险和变电、配电场所的管网，以及布设在以上场所的金属箱体等，应设防静电接地。

◀ **参考 17** 《压力管道安全技术监察规程—工业管道》(TSG D0001—2009)

第八十条 有静电接地要求的管道，应当测量各连接接头间的电阻值和管道系统的对地电阻值。当电阻值超过 GB/T 20801—2020 或者设计文件的规定时，应当设置跨接导线（在法兰或者螺纹接头间）和接地引线。

从该条可以看出，法兰是否需要跨接导线，需要测量法兰之间电阻值，当电阻值超过规定时，需要跨接。

◀ **参考 18** 《压力管道规范 – 工业管道 第 4 部分：制作与安装》(GB/T 20801.4—2020)

第 10.12.1 条 设计有静电接地要求的管道，当每对法兰接头、螺纹接头或其他接头间电阻值大于 0.03Ω 时，应设导线跨接。

◀ **参考 19** 《工业金属管道工程施工规范》(GB 50235—2010)

第 7.13.1 条 设计有静电接地要求的管道，当每对法兰或其他接头间电阻值超过 0.03Ω 时，应设导线跨接。

从该条可以看出，工业管道金属法兰是否跨接，需要测量法兰间电阻值。当法兰间电阻值超过 0.03Ω 时，应设导线跨接。

参考 20 《压缩天然气供应站设计规范》（GB 51102—2016）

第 9.2.6 条 压缩天然气供应站内爆炸危险区域内的所有钢制法兰及金属管道上非良好导电性连接管道的两端应采用金属导体跨接。

参考 21 《建筑电气工程施工质量验收规范》（GB 50303—2015）

第 7.1.7 条 燃油系统的设备及管道的防静电接地应符合设计要求。

参考 22 《城镇燃气设计规范》（GB 50028—2006，2020 年版）

第 10.6.6 条 工业企业生产用气设备燃烧装置的安全设施应符合下列要求：

3. 鼓风机和空气管道应设静电接地装置。接地电阻不应大于 100Ω。

第 10.8.5 条 燃气管道及设备的防雷、防静电设计应符合下列要求：

1. 进出建筑物的燃气管道的进出口处，室外的屋面管、立管、放散管、引人管和燃气设备等处均应有防雷、防静电接地设施；

2. 防雷接地设施的设计应符合现行国家标准《建筑物防雷设计规范》GB 50057 的规定；

3. 防静电接地设施的设计应符合国家现行标准《化工企业静电接地设计规程》HGJ28 的规定。

参考 23 《汽车加油加气加氢站技术标准》（GB 50156—2021）

第 13.2.12 条 在爆炸危险区域内工艺管道上的法兰、胶管两端等连接处应用金属线跨接。当法兰的连接螺栓不少于 5 根时，在非腐蚀环境下可不跨接。

参考 24 《氧气站设计规范》（GB 50030—2013）

第 8.0.8 条 积聚液氧、液体空气的各类设备、氧气压缩机、氧气灌充台和氧气管道应设导除静电的接地装置，接地电阻不应大于 10Ω。

参考 25 《建筑电气与智能化通用规范》（GB 55024—2022）

第 7.2.12 条 各种输送可燃气体、易燃液体的金属工艺设备、容器和管道，以及安装在易燃、易爆环境的风管必须设置静电防护措施。

参考 26 《惰性气体灭火系统技术规范》（CECS 312—2012）

第 6.0.5 条 凡经过有爆炸危险和变电、配电场所的管网系统，应做防静电接地。

小结：经收集整理，主要有 26 个规范对静电接地提出了相关要求。

问 79 油漆罐区的静电消除装置除了参照 GB 50156 之外，还有什么规范对其安装位置有要求？

答： 请参考但不仅限于以下规范：

1. 《液体石油产品静电安全规程》（GB 13348—2009）
2. 《石油化工静电接地设计规范》（SH/T 3097—2017）
3. 《防静电安全技术规范》（SY/T 7385—2017）
4. 《本安型人体静电消除器安全规范》（SY/T 7354—2017）
5. 《立式圆筒形钢制焊接储罐安全技术规范》（AQ 3053—2015）
6. 《防止静电事故通用导则》（GB 12158—2006）
7. 《静电防护管理通用要求》（GB/T 39587—2020）
8. 《防静电工程施工与质量验收规范》（GB 50944—2013）
9. 《化工企业静电接地设计规程》（HG/T 20675—1990）

问 80 人体静电消除器安装普通型还是防爆型？

答： 根据区域性质进行选择，安装于非爆炸危险环境的人体静电消除器不需要选用防爆型，安装于爆炸危险环境的人体静电消除器应选用防爆型。防爆电气设备的选型应符合《爆炸危险环境电力装置设计规范》（GB 50058—2014）、《危险场所电气防爆安全规范》（AQ 3009—2007）、《爆炸性环境》（GB/T 3836 系列）等标准的要求。

参考依据如下：

‹ 参考 1 《防止静电事故通用导则》（ GB 12158—2006 ）

第 6.1.10 条　静电消除器是利用外部设备或装置产生需要的正或负电荷以消除带电体上的电荷。静电消除器原则上应安装在带电体接近最高电位的部位。消除属于静电非导体物料的静电，应根据现场情况采用不同类型的静电消除器。静电危险场所要使用防爆型静电消除器。

‹ 参考 2 《防静电工程施工与质量验收规范》（ GB 50944—2013 ）

第 12.1.4 条　易燃易爆的场所应选用防爆型静电消除装置。

‹ 参考 3 《石油化工静电接地设计规范》（ SH/T 3097—2017 ）

第 5.2.7 条　在爆炸危险区域应选择防爆型消除人体静电设施。

‹ 参考 4 《本安型人体静电消除器安全规范》（ SY/T 7354—2017 ）

第 4.1 条　油气集输、处理或净化、炼化、储存、输送、装卸、加油加气等场所应安装本安型人体静电消除器（参见附录 A）。

> **参考 5** 《防静电安全技术规范》（ SY/T 7385—2017 ）

第 6.3 条 泵房的门外、储罐的上罐扶梯入口、储罐采样口处（距采样口不少于 1.5m）、装卸作业区内操作平台的扶梯入口及悬梯口处、装置区入口处、装置区采样口处、码头入口处、加油站卸油口处（距卸油口不少于 1.5m）等危险作业场所应安装本安型人体静电消除器。本安型人体静电消除器的触摸体面电阻值应为 $1×10^7$～$1×10^9Ω$ 之间，电荷转移量不应大于 0.1μC。本安型人体静电消除器应由有检测资质的单位进行检测，合格后允许用于现场。

知识延伸：人体静电释放器的其他要求。

> **参考 1** 《防静电工程施工与质量验收规范》（ GB 50944—2013 ）

第 13.2.4 条 涉及人身安全的防静电接地必须采取软接地措施。（此标准进一步要求人体静电释放器接地必须采取软接地）

> **参考 2** 《石油库设计规范》（ GB 50074—2014 ）

第 14.3.18 条 防雷防静电接地电阻检测断接接头、消除人体静电装置，以及汽车罐车装卸场地的固定接地装置，不得设在爆炸危险 1 区。（此标准进一步要求人体静电释放器不得设在石油库爆炸危险 1 区）

> **参考 3** 《本安型人体静电消除器安全规范》（ SY/T 7354—2017 ）

第 2.3 条 安装后，接地端子对地电阻值应小于 100Ω。（此标准明确本安型人体静电释放器电阻要求）

第 4.2 条 从支撑体接地端子至接地主干线或接地导体（如罐体、金属框架等接地导体）之间的接地线宜采用不小于 $16mm^2$ 软铜线，两端焊接"铜鼻子"，采用不小于 M10 的不锈钢螺栓加不锈钢防松垫片连接。（此标准明确本安型人体静电释放器接地线连接材质与要求）

小结： 不同行业对于人体静电释放器有不同的规定与要求，可以明确的是，易燃易爆危险场所应使用"本安型人体静电消除器"或"防爆型静电释放器"；非易燃易爆危险场所有防静电要求时，可选择"普通型静电释放器"。

问 **81** 关于人体静电消除器安装位置有要求吗？

答： 有要求。参考依据如下：

> **参考 1** 《静电防护管理通用要求》（ GB/T 39587—2020 ）

第 6.4.3 条 静电防护场所应设置必要的入场管控设备或措施，应确保人员符合静电防护要求后方能进入静电防护场所，可形成入场记录。

> **参考2** 《化工企业安全卫生设计规范》（HG 20571—2014）

第4.2.10条 重点防火、防爆作业区的入口处，应设计人体导除静电装置。

> **参考3** 《防止静电事故通用导则》（GB 12158—2006）

第6.1.10条 静电危险场所要使用防爆型静电消除器。

> **参考4** 《石油化工静电接地设计规范》（SH/T 3097—2017）

第5.4.3条 在（铁路站台与罐车）操作平台梯子入口处，应设置消除人体静电设施。

第5.5.2条 在（汽车站台与罐车）操作平台梯子入口处或平台上，应设置消除人体静电设施，应与注入口距离大于1.5m。

> **参考5** 《本安型人体静电消除器安全规范》（SY/T 7354—2017）附录 A.1

表A.1 本安型人体静电消除器安装位置

序号	爆炸危险场所名称	安装位置
1	可燃液体储罐（包括各种油罐、含油污水罐等）	上罐扶梯口处，油罐上部距量油口1.5m处
2	可燃气体储罐（球、卧罐等）	上罐扶梯口
3	可燃液体、可燃气体生产装置区	装置入口处，距装置区可燃气体可燃液体采样口1.5m处
4	可燃液体可燃气体泵房、阀室	泵房、阀室门口处
5	天然气压缩机厂房	厂房门口处
6	有可燃气体、可燃液体工艺管阀、容器、设备设施等厂房	厂房门口处
7	污油池	污油池入口处
8	加油加气站	距卸油口1.5m处，自助加油机外壳处
9	可燃液体装卸站台	站台上梯口处、站台悬梯口处
10	可燃气体装卸站台	每个装卸鹤位处

> **参考6** 《石油库设计规范》（GB 50074—2014）

第14.3.3条 外浮顶储罐浮顶上取样口的两侧1.5m之外应各设一组消除人体静电的装置，并应与罐体做电气连接。该消除人体静电的装置可兼做人工检尺时取样绳索、检测尺等工具的电气连接体。

第14.3.14条 下列甲、乙和丙A类液体作业场所应设消除人体静电装置：

1　泵房的门外；

2　储罐的上罐扶梯入口处；

3　装卸作业区内操作平台的扶梯入口处；

4　码头上下船的出入口处。

◁ **参考7** 《防静电安全技术规范》（SY/T 7385—2017）

第6.3条　泵房的门外、储罐的上罐扶梯入口、储罐采样口处（距采样口不少于1.5m）、装卸作业区内操作平台的扶梯入口及悬梯口处、装置区入口处、装置区采样口处、码头入口处、加油站卸油口处（距卸油口不少于1.5m）等危险作业场所应安装本安型人体静电消除器。

小结： 泵房的门外、储罐的上罐扶梯入口、储罐采样口处（距采样口不少于1.5m）、装卸作业区内操作平台的扶梯入口及悬梯口处、装置区入口处、装置区采样口处、码头入口处、加油站卸油口处（距卸油口不少于1.5m）等危险作业场所应安装人体静电消除器。

问 82　静电消除器需要定期检测吗？

答： 需要。参考依据如下：

◁ **参考1** 《本安型人体静电消除器安全规范》（SY/T 7354—2017）

第5.3条　测试：每半年进行一次支撑体接地电阻、触摸体面电阻、电荷转移量、现场接地电阻测试。

◁ **参考2** 《防静电安全技术规范》（SY/T 7385—2017）

第6.3条　本安型人体静电消除器的触摸体面电阻值应为 $1×10^7\Omega$～$1×10^9\Omega$ 之间，电荷转移量不应大于 $0.1\mu C$。本安型人体静电消除器应由有检测资质的单位进行检测，合格后允许用于现场。

小结： 静电消除器需要定期检测。

问 83　人体静电消除器距离采样器是等于1.5m还是大于1.5m，应该怎样执行？

答： 人体静电消除器距离采样口、卸油口的安装距离应 ≥1.5m。

◁ **参考1** 《本安型人体静电消除器安全规范》（SY/T 7354—2017）

附录A："表A.1 本安型人体静电消除器安装位置"规定：可燃液体储

罐（包括各种油罐、含油污水罐等）油罐上部距量油口1.5m处；距装置区可燃气体可燃液体采样口1.5m处；加油加气站距卸油口1.5m处。

> **参考2** 《防静电安全技术规范》（SY/T 7385—2017）

第6.3条 泵房的门外、储罐的上罐扶梯入口、储罐采样口处（距采样口不少于1.5m）、装卸作业区内操作平台的扶梯入口及悬梯口处、装置区入口处、装置区采样口处、码头入口处、加油站卸油口处（距卸油口不少于1.5m）等危险作业场所应安装本安型人体静电消除器。

> **参考3** 《石油库设计规范》（GB 50074—2014）

第14.3.3.5条 外浮顶储罐浮顶上取样口的两侧1.5m之外应各设一组消除人体静电的装置，并应与罐体做电气连接。该消除人体静电的装置可兼作人工检尺时取样绳索、检测尺等工具的电气连接体。

> **参考4** 《立式圆筒形钢制焊接储罐安全技术规程》（AQ 3053—2015）

第8.2.4条 可燃液体储罐的相关作业区，应设置消除人体静电的装置：

a）储罐的上罐扶梯入口处；

b）罐顶平台或浮顶上取样口的两侧1.5m之外应各设一组消除人体静电设施，取样绳索、检尺等工具应与设施连接，该设施应与罐体做电气连接并接地。

> **参考5** 《石油化工静电接地设计规范》（SH/T 3097—2017）

第5.2.2条 储罐罐顶平台上取样口（量油口）两侧1.5米之外应各设一组消除人体静电设施，设施应与罐体做电气连接并接地，取样绳索、检尺等工具应与设施连接。

第5.5.2条 （汽车站台与罐车）在操作平台梯子入口处或平台上，应设置消除人体静电设施，应与注入口距离大于1.5m。

小结： 人体静电消除器距离采样口、卸油口的安装距离应≥1.5m。

问 **84** 防雷接地测试点需要挂检测信息标识牌吗？

答： 需要。

防雷防静电设施应按照有关法规和标准进行定期检测检验，需对检测点接地电阻等数据进行记录，防雷接地点应有标识。参考依据如下：

> **参考1** 《建筑电气工程施工质量验收规范》（GB 50303—2015）

第 22.1.1 条　接地装置在地面以上的部分，应按设计要求设置测试点，测试点不应被外墙饰面遮蔽，且应有明显标识。

‹ **参考 2** 《建筑物防雷设计规范》（GB 50057—2010）

第 5.3.6 条　采用多根专设引下线时，应在各引下线上距地面 0.3～1.8m 处装设断接卡。连接板处宜有明显标志。

建议该防雷接地测试点信息标识牌样式参考如下：

小结： 防雷接地测试点安装信息标识牌，主要方便定期防雷检测、记录和日常目视检查。

问 **85** 是否所有的防雷装置都需要定期检测？

答： 不是。参考依据如下：

‹ **参考 1** 《建筑物防雷设计规范》（GB 50057—2010）

第 2.0.5 条　防雷装置

用于减少闪击击于建（构）筑物上或建（构）筑物附近造成的物质性损害和人身伤亡，由外部防雷装置和内部防雷装置组成。

第 2.0.6 条　外部防雷装置

由接闪器、引下线和接地装置组成。

第 2.0.7 条　内部防雷装置

由防雷等电位连接和与外部防雷装置的间隔距离组成。

‹ **参考 2** 《石油化工装置防雷设计规范》（GB 50650—2011，2022年版）

2　术语（注意与 2011 年版定义有不同）：

第 2.0.11 条　防雷装置

用于减少闪击击于生产装置而造成的物理损害的一个完整系统，由外部防雷装置和内部防雷装置组成。

第 2.0.12 条 外部防雷装置

防雷装置的一个组成部分，由接闪器、引下线和接地装置组成。

第 2.0.13 条 内部防雷装置

防雷装置的一个组成部分，由等电位连接和与外部防雷装置的电气绝缘组成。

参考 3 《防雷装置检测服务规范》（GB/T 32938—2016）

第 3.1 条 防雷装置

用于减少闪击击于建（构）筑物上或建（构）筑物附近造成的物质性损害和人身伤亡，由外部防雷装置和内部防雷装置组成。

与 GB 50057—2010 定义第 2.0.5 条相同。

参考 4 《防雷减灾管理办法（修订）》（中国气象局〔2013〕24 号令）

第十九条 投入使用后的防雷装置实行定期检测制度。防雷装置应当每年检测一次，对爆炸和火灾危险环境场所的防雷装置应当每半年检测一次。

参考 5 《防雷装置检测服务规范》（GB/T 32938—2016）

附录 B （规范性附录）

B.1 防雷装置检测项目：建筑物防雷分类、接闪器、引下线、接地装置、防雷区的划分、雷击电磁脉冲屏蔽、等电位连接、电涌保护器（SPD）等。

附录 A （资料性附录）

防雷装置检测服务协议：第二条 服务内容、方式和要求 1. 服务内容

乙方（检测单位）对甲方的建筑物、电气和电子设备等的防直击雷、防雷电感应、防雷电波侵入及防雷击电磁脉冲的措施进行检测。检测结束，乙方应提供《检测报告》，存在问题的应提供《存在问题意见书》。

小结： 企业应当根据《防雷装置检测服务规范》（GB/T 32938—2016）规范性附录 B 防雷装置检测项目要求，开展防雷装置的法定检测，并符合《防雷减灾管理办法（修订）》（中国气象局〔2013〕24 号令）定期检测周期要求。至于在规范性附录 B 防雷装置检测项目之外的防雷装置，例如企业中的工业电视监控系统和火灾自动报警系统的防雷装置，企业可自行决定是否定期外委检测。

问 86　防雷设计是否需要审查？

答： 需要。参考依据如下：

‹ 参考1 《防雷减灾管理办法（修订）》（中国气象局〔2013〕24号令）

第十五条　防雷装置的设计实行审核制度。县级以上地方气象主管机构负责本行政区域内的防雷装置的设计审核。符合要求的，由负责审核的气象主管机构出具核准文件；不符合要求的，负责审核的气象主管机构提出整改要求，退回申请单位修改后重新申请设计审核。未经审核或者未取得核准文件的设计方案，不得交付施工。

‹ 参考2 《国务院关于优化建设工程防雷许可的决定》（国发〔2016〕39号）

一、整合部分建设工程防雷许可

（一）将气象部门承担的房屋建筑工程和市政基础设施工程防雷装置设计审核、竣工验收许可，整合纳入建筑工程施工图审查、竣工验收备案，统一由住房城乡建设部门监管，切实优化流程、缩短时限、提高效率。

（二）油库、气库、弹药库、化学品仓库、烟花爆竹、石化等易燃易爆建设工程和场所，雷电易发区内的矿区、旅游景点或者投入使用的建（构）筑物、设施等需要单独安装雷电防护装置的场所，以及雷电风险高且没有防雷标准规范、需要进行特殊论证的大型项目，仍由气象部门负责防雷装置设计审核和竣工验收许可。

（三）公路、水路、铁路、民航、水利、电力、核电、通信等专业建设工程防雷管理，由各专业部门负责。

二、清理规范防雷单位资质许可

取消气象部门对防雷专业工程设计、施工单位资质许可；新建、改建、扩建建设工程防雷的设计、施工，可由取得相应建设、公路、水路、铁路、民航、水利、电力、核电、通信等专业工程设计、施工资质的单位承担。同时，规范防雷检测行为，降低防雷装置检测单位准入门槛，全面开放防雷装置检测市场，允许企事业单位申请防雷检测资质，鼓励社会组织和个人参与防雷技术服务，促进防雷减灾服务市场健康发展。

小结： 防雷设计仍需审核，只是审核范围、审核内容和审核形式发生了变化。

问 87　装卸车的静电接地夹需要定期检验吗？如何检验其有效性？

答： 用户可以自行定期测试做好记录，现场检查测试不接地时是否报警。

现场目视化检查，取下地线夹子，压开夹子，不报警即为不合格，报警合格。未报警的，应及时维护或更新。接地电阻值由专业人员进行测量，不大于10Ω。注意和电气设备接地有区别，装卸车接地，主要是夹子接地可靠不可靠，接地点是不是有效导电。每次接地前，应进行报警器是否有效的验证。定期检查包括：

1. 接地线连接处是否有焊缝开焊及接触不良；
2. 接地线与电气设备连接处的螺栓是否松动；
3. 接地线是否有机械损伤、断股或化学腐蚀；
4. 接地体由于雨水冲刷或取土是否露出地面；
5. 接地装置的接地电阻值不应大于规定值。

参考1　《防止静电事故通用导则》（GB 12158—2006）

第6.1.2条　每组专设的静电接地体的接地电阻值一般不应大于100Ω，在山区等土壤电阻率较高的地区，其接地电阻值也不应大于1000Ω。

参考2　《石油化工企业设计防火标准》（GB 50160—2008，2018年版）

第9.3.6条　每组专设的静电接地体的接地电阻值宜小于100Ω。

参考3　《防静电工程施工与质量验收规范》（GB 50944—2013）

第13.2.3条　独立的防静电接地系统的接地电阻值应小于10Ω。

小结： 装卸车的静电接地夹，用户可以自行定期测试做好记录，现场检查测试不接地时是否报警，测量接地电阻是否合格。

问 88　储罐设置一处接地是否可以？要求两处接地的依据有哪些？

答： 户内储罐有防静电接地需求的、直径为2.5m或容积为50m³以下的设备或容器可以一根接地线。户外储罐不可以只设置一处接地线。参考如下：

参考1　《石油化工电气工程施工及验收规范》（SH/T 3552—2021）

第4.4.6条　直径为2.5m或容积为50m³及以上的设备或容器，其接地点不少于2处，接地点沿设备外沿均匀布置，且接地点的间距不大于30m，并在设备或容器底部周围对称与接地体连接，接地体连接成环形的闭合回路。

参考2　《石油化工静电接地设计规范》（SH/T 3097—2017）

第5.1.2条　直径大于等于2.5m或容积大于等于50m³的设备，其接地点不应少于 2 处，接地点应沿设备外围均匀布置，其间距不应大于 30m。

> **参考 3** 《电气装置安装工程爆炸和火灾危险环境电气装置施工及验收规范》（GB 50257—2014）

第 7.2.1 条 容积为 50m³ 及以上的贮罐，其接地点不应少于 2 处，且接地点的间距不应大于 30m，并应在罐体底部周围对称与接地体连接，接地体应连接成环形的闭合回路。

> **参考 4** 《建筑物防雷设计规范》（GB 50057—2010）

第 4.3.10 条 有爆炸危险的露天钢质封闭气罐，当其高度小于或等于 60m、罐顶壁厚不小于 4mm 时，或当其高度大于 60m、罐顶壁厚和侧壁壁厚均不小于 4mm 时，可不装设接闪器，但应接地，且接地点不应少于 2 处，两接地点间距离不宜大于 30m，每处接地点的冲击接地电阻不应大于 30Ω。

> **参考 5** 《石油化工装置防雷设计规范》（GB 50650—2011，2022 年版）

第 5.5.1 条 金属罐体应做防直击雷接地，接地点不应少于 2 处，并应沿罐体周边均匀布置，引下线的间距不应大于 18m。每根引下线的冲击接地电阻不应大于 10Ω。

小结： 户外储罐接地点一般不应少于 2 处，并沿罐体周围均匀布置。

问 89 玻璃承装危险化学品如何导除产生的静电？

答： 玻璃在通常情况下为绝缘体，电阻很大，当其受热时，电阻随温度升高而降低。玻璃起静电能力一般，且静电一般集中在有棱角处，灌装、装车、卸车前喷水，或灌装时瓶口接触接地导线，都可以导除静电。

可燃物、氧化剂和点火源是着火三要素，如将静电消除也就不存在点火源了。可采用的静电消除方式有以下几种：

1. 工艺控制

工艺控制是从工艺流程、设备构造、材料选择及操作管理等方面采取措施，限制电流的产生或抑制静电的积累，使之控制在安全的范围内。

2. 静电屏蔽

使用金属以外的材料作屏蔽时，应在屏蔽材料上配上与其紧密结合的金属，并将此金属可靠地接地。如玻璃管道、储罐可使用加导电性纤维或金属线的材料，然后接地将静电引出。

3. 外加抗静电剂

喷涂在玻璃表面形成透明膜，吸收环境中的微量水分，由于水是高介电常数的液体，会形成导电层，纤维中所含的微电解质也在一定程度上降低了表面电阻。涂膜抗静电剂加入后不会影响玻璃表面的透明度，还能保持玻璃表面的光洁效果。导电纤维布通过金属环进行可靠接地。

小结： 玻璃起静电能力一般，可采取接地、工艺控制、静电屏蔽、外加抗静电剂等措施导除静电。

问 90 甲类易燃液体倒液用的金属软管与气动泵泵体相接，算是静电接地吗？

答： 不算。参考依据如下：

参考1 《石油化工静电接地设计规范》（SH/T 3097—2017）

第4.1.1条 在生产加工、储运过程中，设备、管道、操作工具及人体等，有可能产生和积聚静电而造成静电危害时，应采取静电接地措施：

a）生产、加工、储存易燃易爆气体和液体的设备及气柜、储罐等；

b）输送易燃易爆液体和气体的管道及各种阀门；

c）装卸易燃易爆液体和气体的罐（槽）车，油罐，装卸栈桥、铁轨、鹤管，以及设备、管线等；

d）生产、输送可燃粉尘的设备和管线。

第4.1.2条 在进行静电接地时，应包括下列部位的接地：

a）装在设备内部而通常从外部不能进行检查的导体；

b）安装在绝缘物体上的金属部件；

c）与绝缘物体同时使用的导体；

d）被涂料或粉体绝缘的导体；

e）容易腐蚀而造成接触不良的导体；

f）在液面上悬浮的导体。

参考2 《石油化工静电接地设计规范》（SH/T 3097—2017）

第5.1.9条 与地绝缘的金属部件（如法兰、胶管接头、喷嘴等），应采用铜芯软绞线跨接引出接地。

第5.3.7条 金属配管中间的非导体管段，除需做特殊防静电处理外，两端的金属管应分别与接地干线相连，或用截面不小于6mm² 的铜芯软绞线跨接后接地。

第5.3.8条 非导体管段上的所有金属件均应接地。

参考3 《防静电工程施工与质量验收规范》（GB 50944—2013）

第 13.2.5 条　防静电工作区内所有不带电金属导体都应与共用接地系统的接地端子连接，不得存在孤立金属导体。

小结： 甲类易燃液体倒液用的金属软管与气动泵泵体相接，不算静电接地。

问 91 易燃可燃介质的管道上过滤器都与地面接触，还需要专门的接地吗？

答： 需要。

‹ **参考1**　《石油化工企业设计防火标准》（GB 50160—2008，2018 年版）

第 9.3.3 条　可燃气体、液化烃、可燃液体、可燃固体的管道在下列部位应设静电接地设施：

1）进出装置或设施处；

2）爆炸危险场所的边界；

3）管道泵及泵入口永久过滤器、缓冲器等。

‹ **参考2**　《电气装置安装工程 接地装置施工及验收规范》（GB 50169—2016）

第 4.1.1 条　各种接地装置利用直接埋入地中或水中的自然接地极，可利用下列自然接地极：

1　埋设在地下的金属管道，但不包括输送可燃或有爆炸物资的管理。

2　金属井管。

3　与大地有可靠连接的建筑物的金属结构。

4　水工构筑物及其他坐落于水或潮湿土壤环境的构筑物的金属管、桩、基础层钢筋网。

小结： 湿润的钢筋混凝土为电的良导体，但需保证过滤器的金属结构和钢筋混凝土的钢筋有效接触，才能作为接地极。如果不能满足上述要求，则需要专用接地装置。

问 92 化学试剂防爆柜的接地如何设置？

答： 防爆柜柜门和柜体应有良好的电气连接。接地线应使用不小于 6mm^2 的多股软铜线，连接端采用不小于 M10 的螺栓固定。参考依据如下：

‹ **参考1**　《爆炸危险环境电力装置设计规范》（GB 50058—2014）

第 5.5.2 条　爆炸性气体环境中应设置等电位联结，所有裸露的装置外部可导电部件应接入等电位系统。本质安全型设备的金属外壳可不与等电位系统连接，制造厂有特殊要求的除外。具有阴极保护的设备不应与等电位系统连接，专门为阴极保护设计的接地系统除外。

参考 2　《石油化工静电接地设计规范》(SH/T 3097—2017)

第 4.4.1 条　应在设备、管道的一定位置上，设置专用的接地连接端子，作为静电接地的连接点。

第 4.4.3 条　静电接地端子有下列几种：a) 设备、管道外壳（包括设备支座、耳座）上预留出的裸露金属表面；b) 设备、管道的金属螺栓连接部位；c) 接地端子排板；d) 专用的金属接地板。

第 4.5.1 条　静电接地支线和连接线，应采用具有足够机械强度、耐腐蚀和不易断线的多股金属线或金属体，规格可按表 4.5.1 确定。

表 4.5.1　静电接地支线、连接线的最小规格

设备类型	接地支线	连接线
固定设备	16mm² 多股铜芯电线 ϕ8mm 镀锌圆钢 12mm×4mm 镀锌扁钢	6mm² 铜芯软绞线或软铜编织线
大型移动设备	16mm² 铜芯软绞线或橡套铜芯软电缆	—
一般移动设备	10mm² 铜芯软绞线或橡套铜芯软电缆	—
振动和频繁移动的器件	6mm² 铜芯软绞线	—

参考 3　《电气装置安装工程　爆炸和火灾危险环境电气装置施工及验收规范》(GB 50257—2014)

第 7.2.1-3 条　防静电接地线的安装，应与设备、机组、贮罐等固定接地端子或螺栓连接，连接螺栓不应小于 M10，并应有防松装置和涂以电力复合脂。当采用焊接端子连接时，不得降低和损伤管道强度。

参考 4　《爆炸危险环境电力装置设计规范》(GB 50058—2014)

第 5.5.2 条　爆炸性气体环境中应设置等电位联结，所有裸露的装置外部可导电部件应接入等电位系统。本质安全型设备的金属外壳可不与等电位系统连接，制造厂有特殊要求的除外。具有阴极保护的设备不应与等电位系统连接，专门为阴极保护设计的接地系统除外。

小结： 化学试剂防爆柜柜门和柜体应有良好的电气连接。接地线应使用不小于 6mm² 的多股软铜线，连接端采用不小于 M10 的螺栓固定。

问 **93** 焊接与切割的接零和双重接地如何操作？

答： 相关参考如下：

参考1 《焊接与切割安全》(GB 9448—1999)

第 11.3 条　接地

焊机必须以正确的方法接地（或接零）。接地（或接零）装置必须连接良好，永久性的接地（或接零）应做定期检查。

禁止使用氧气、乙炔等易燃易爆气体管道作为接地装置。

在有接地（或接零）装置的焊件上进行弧焊操作，或焊接与大地密切连接的焊件（如；管道、房屋的金属支架等）时，应特别注意避免焊机和工件的双重接地。

参考2 《建筑机械使用安全技术规程》(JGJ 33—2012)

第 12.1.6 条　电焊机导线和接地线不得搭在易燃、易爆、带有热源或有油的物品上；不得利用建（构）筑物的金属结构、管道、轨道或其他金属物体，搭接起来，形成焊接回路，并不得将电焊机和工件双重接地；严禁使用氧气、天然气等易燃易爆气体管道作为接地装置。

小结： 焊接与切割机外壳应做保护接地（或接零），并不得与工件重复接地。

问 **94** 图片中的接地线连接是否规范？

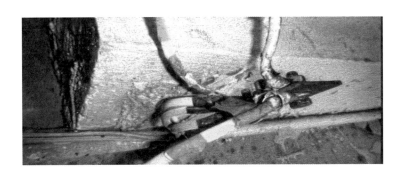

答： 不规范。图中存在的问题如下：

问题 1：同一压接点压接的导线数量多于两条，不符合规范要求。

◀ **参考 1** 《电气装置安装工程接地装置施工及验收规范》（ GB 50169—2016 ）

第 4.2.9 条 电气装置的接地必须单独与接地母线或接地网相连接，严禁在一条接地线中串接两个及两个以上需要接地的电气装置。

◀ **参考 2** 《建筑电气工程施工质量验收规范》（ GB 50303—2015 ）

第 17.2.2 条 导线与设备或器具的连接应符合下列规定：5 每个设备或器具的端子接线不多于 2 根导线或 2 个导线端子。

◀ **参考 3** 《石油化工仪表接地设计规范》（ SH/T 3081—2019 ）

第 6.3.5 条 接地系统的各种连接应牢固、可靠，并应保证良好的导电性，各种接地导线与接地汇流排、接地汇总板的连接应采用镀锡铜接线片和镀锌钢质螺栓压接，并应有防松件，同一压接点压接的导线数量不应多于两条。

问题 2：接地螺栓生锈。

◀ **参考** 《电气装置安装工程 接地装置施工及验收规范》（ GB 50169—2016 ）

第 4.2.3 条 接地线应采取防止发生机械损伤和化学腐蚀的措施。有化学腐蚀的部位还应采取防腐措施。

问题 3：多股接地线没有压接终端附件，连接不可靠。

◀ **参考 1** 《电气装置安装工程 接地装置施工及验收规范》（ GB 50169—2016 ）

第 4.3.6 条 采用金属绞线作接地线引下时，宜采用压接端子与接地极连接。

◀ **参考 2** 《电气装置安装工程盘、柜及二次回路接线施工及验收规范》

（GB 50171—2012）

第 6.0.1 条　二次回路接线应符合下列规定：4 多股导线与端子、设备连接应压终端附件。

> ‹ **参考 3**　《用电安全导则》（GB/T 13869—2017）

第 5.1.2 条　保护接地线应采用焊接、压接、螺栓联结或其他可靠方法联结，严禁缠绕或挂钩。

问题 4：接地线色带标识破损。

> ‹ **参考**　《电气装置安装工程 接地装置施工及验收规范》（GB 50169—2016）

第 4.2.7 条　明敷接地线，在导体的全长度或区间段及每个连接部位附近的表面，应涂以 15～100mm 宽度相等的绿色和黄色相间的条纹标识。当使用胶带时，应使用双色胶带。

问题 5：未使用弹簧垫圈。

> ‹ **参考**　《电气设备安全设计导则》（GB/T 25295—2010）

第 5.2.4.1.2 条　电气设备的接地装置设计应满足：b) 仅用手不能将接地端子的夹紧导体松开，并且采用弹簧垫圈等防松措施来防止接地导线从端子脱落。

小结： 图中接地线主要有同一压接点压接的导线数量多于两条等 5 个问题。

问 95　如何理解严禁利用金属软管、管道保温层的金属外皮或金属网、低压照明网络的导线铅皮以及电缆金属护层作为接地线？

答： 主要参考如下：

> ‹ **参考**　《电气装置安装工程 接地装置施工及验收规范》（GB 50169—2016）

第 4.1.8 条　严禁利用金属软管、管道保温层的金属外皮或金属网、低压照明网络的导线铅皮以及电缆金属护层作为接地线。

条文说明：第 4.1.8 条　金属软管、管道保温层的金属外皮或金属网、低压照明网络的导线铅皮以及电缆金属护层等强度差，又易腐蚀，作为接地线很容易出现安全隐患事故，因此严禁使用。本条为强制性条文，必须严格执行。

小结： 金属软管、管道保温层的金属外皮或金属网、低压照明网络的导线铅皮以及电缆金属护层等强度差，易腐蚀，严禁作为接地线。

问 96　企业在自控阀门上连接静电跨接线，有规范依据吗？

静电跨接线

答： 此处没必要跨接。厂家的原装设备，经过了检验出厂的，没必要连接静电跨接线。除非厂家说明书有明确要求或设备有缺陷，上下连接处不导通或电阻值超标，才需要连接静电跨接线。

问 97　静电接地是否可以使用螺纹钢？

答： 不可以。

关于接地体选择主要是考虑接地体应易于和土壤接触形成稳定的接地导电性并结合实际材料的情况提出的。由于螺纹钢筋难以与土壤接触紧密，会造成接地电阻不稳定，因此人工接地体不得采用螺纹钢筋。参考依据如下：

参考1　《石油化工建设工程施工安全技术标准》（GB/T 50484—2019）

第 4.5.14 条　垂直接地体应采用角钢、钢管或圆钢。

参考2　《建筑工程施工现场供用电安全规范》（GB 50194—2014）

第 8.1.8 条　接地装置的敷设应符合下列要求：

2. 人工垂直接地体宜采用热浸镀锌圆钢、角钢、钢管，长度宜为 2.5m；人工水平接地体宜采用热浸镀锌的扁钢或圆钢；人工接地体不得采用螺纹钢筋。

参考3　《施工现场临时用电安全技术规范》（JGJ 46—2005）

第5.3.4条　垂直接地体宜采用角钢、钢管或光面圆钢，不得采用螺纹钢。

小结： 静电接地不可以使用螺纹钢。

问 98 框架长期腐蚀，电阻大，煤气管道接地线能与框架连接吗？

答： 煤气管道接地线宜直接接地，满足对地电阻10Ω以内时，可以接在框架梁柱上。

问 99 多台焊机外壳可以共用一个接地吗？

答： 可以并联，不能串联。可共用一个接地网或接地干线，但不能共用接地线。

> **参考** 《电气装置安装工程接地装置施工及验收规范》（GB 50169—2016）

第4.2.9条　电气装置的接地必须单独与接地母线或接地网相连接，严禁在一条接地线中串接两个及两个以上需要接地的电气装置。

小结： 多台焊机外壳可以共用一个接地网或接地干线，但不能共用接地线。

问 100 配电室里面的接地扁铁贴在墙边的布置是否正确？

答： 请依据以下规范进行判断：

> **参考1** 《电气装置安装工程接地装置施工及验收规范》（GB 50169—2016）

第4.2.6.-5条　接地线沿建筑物墙壁水平敷设时，离地面距离宜为250～300mm；接地线与建筑物墙壁间的间隙宜为10～15mm。

第4.2.7条　明敷接地线，在导体的全长度或区间段及每个连接部位附近的表面，应涂以15～100mm宽度相等的绿色和黄色相间的条纹标识。

第4.2.8条　在接地线引向建筑物的入口处和在检修用临时接地点处，

均应刷白色底漆并标以黑色标识，其代号为"⏚"。同一接地体不应出现两种不同的标识。

参考2 《建筑电气工程施工质量验收规范》（GB 50303—2015）

第23.2.6条 室内明敷接地干线安装应符合下列规定：2 当沿建筑物墙壁水平敷设时，与建筑物墙壁间的间隙宜为10～20mm。

问 101 给带减速机的电机接地，是接在电机外壳还是减速机上？

答： 需要接在电机外壳上。参考依据如下：

参考 《爆炸危险环境电力装置设计规范》（GB 50058—2014）

第5.5.3条 爆炸性环境内设备的保护接地应符合下列规定：

1 按照现行国家标准《交流电气装置的接地设计规范》（GB/T 50065—2011）的有关规定，下列不需要接地的部分，在爆炸危险环境内仍应进行接地：

3 安装在已接地的金属结构上的设备。

小结： 带减速机的电机应按照 GB 50058—2014 的要求，接在电机外壳上。

问 102 电动机设备的多条接地线共用一个接地扁铁是否符合规范？

答： 视情况而定，如果共用的接地扁铁是支线，且满足电气性能，共用是可以的。此问题的表述可能存在不明确的情况，需具体分析，理由如下：

参考 《电气装置安装工程接地装置施工及验收规范》（GB 50169—2016）

第4.2.9条 电气装置的接地必须单独与接地母线或接地网相连接，严禁在一条接地线中串接两个及两个以上需要接地的电气装置。

小结： 应结合设计图纸具体对待，若该扁铁设计为接地干线，则多台设备可共用；若设计为单台设备的接地引下线，则其它设备不能使用。

问 103 人工接地极埋地 2m 以上依据是什么？

答： 接地极埋地 2m 没有依据，但可以参考如下规范：

参考1 《建设工程施工现场供用电安全规范》（GB 50194—2014）

第8.1.8条 接地装置的敷设应符合下列要求：1 人工接地体的顶面埋设深不宜小于0.6m。人工垂直接地体宜采用热浸镀锌圆钢、角钢、钢管，长度宜为 2.5m。

参考 2 《建筑物防雷设计规范》（GB 50057—2010）

第 5.4.3 条 人工钢质垂直接地体的长度宜为 2.5m。

第 5.4.4 条 人工接地体在土壤中的埋设深度不应小于 0.5m，并宜敷设在当地冻土层以下，其距墙或基础不宜小于 1m。

参考 3 《电气装置安装工程接地装置施工及验收规范》（GB 50169—2016）

4.2 接地装置的敷设

第 4.2.1 条 接地网的埋设深度与间距应符合设计要求。当无具体规定时，接地极顶面埋设深度不宜小于 0.8m；水平接地极的间距不宜小于 5m，垂直接地极的间距不宜小于其长度的 2 倍。

参考 4 《交流电气装置的接地设计规范》（GB 50065—2011）

第 4.3.2 条 发电厂和变电站接地网除应利用自然接地极外，应敷设以水平接地极为主的人工接地网，并应符合下列要求：

人工接地网的外缘应闭合，外缘各角应做成圆弧形，圆弧的半径不宜小于均压带间距的 1/2，接地网内应敷设水平均压带，接地网的埋设深度不宜小于 0.8m。

小结： 接地极埋地 2m 没有依据，但可以参考相关规范要求设置。

问 **104** 管廊上的氧气管道一般是怎么做静电接地的？

答： 做法如下：

参考 1 《深度冷冻法生产氧气及相关气体安全技术规程》（GB 16912—2008）

第 8.1.2 条 架空氧气管道应在管道分岔处与电力架空电缆的交叉处无分岔管道每隔 80～100m 处以及进出装置或设施等处，设置防雷、防静电接地措施。

参考 2 《氧气站设计规范》（GB 50030—2013）

第 8.0.8 条 积聚液氧、液体空气的各类设备、氧气压缩机、氧气灌充台和氧气管道应设导除静电的接地装置，接地电阻不应大于 10Ω。

第 11.0.17 条 氧气管道应设置导除静电的接地装置，并应符合下列规定：

1 厂区架空或地沟敷设管道，在分岔处或无分支管道每隔 80～100m

处，以及与架空电力电缆交叉处应设接地装置；

2 进、出车间或用户建筑物处应设接地装置；

3 直接埋地敷设管道应在埋地之前及出地后各接地一次；

4 车间或用户建筑物内部管道应与建筑物的静电接地干线相连接；

5 每对法兰或螺纹接头间应设跨接导线，电阻值应小于 0.03Ω。

问 105 对电气设备接地扁钢颜色的要求是什么？

答： 黄绿相间两色。

‹ 参考1 《防静电工程施工与质量验收规范》（GB 50944—2013）

第 13.3.3 条 防静电接地应严格按设计或技术要求连接（图 13.3.3），接地系统宜采用镀锌扁钢或裸铜导线（带），有绝缘外皮时，外皮颜色应为黄绿相间。

‹ 参考2 《电气装置安装工程接地装置施工及验收规范》（GB 50169—2016）

第 4.2.7 条 明敷接地线，在导体的全长度或区间段及每个连接部位附近的表面，应涂以 15～100mm 宽度相等的绿色和黄色相间的条纹标识。当使用胶带时，应使用双色胶带。中性线宜涂淡蓝色标识。

‹ 参考3 《建筑电气工程施工质量验收规范》（GB 50303—2015）

第 23.2.6-3 条 （室内明敷）接地干线全长度或区间段及每个连接部位附近的表面，应涂以 15～100mm 宽度相等的黄色和绿色相间的条纹标识。

小结： 电气设备接地扁钢颜色应为黄绿相间。

问 106 是否所有电机均需接地？《电气装置安装工程 接地装置施工及验收规范 》（ GB 50169—2016 ）适用于一般工贸行业、轻工行业吗？

答： 并非所有电机都需要接地，但大多数情况下，接地是一种重要的保护措施。GB 50169—2016 适用于包括一般工贸、轻工行业的各行业。

‹ 参考1 《电气装置安装工程接地装置施工及验收规范》（GB 50169—2016）

第 3.0.4 条 电气装置的下列金属部分，均必须接地：

1 电气设备的金属底座，框架及外壳和传动装置。

2　携带式或移动式用电器具的金属底座和外壳。

3　箱式变电站的金属箱体。

4　互感器的二次绕组。

5　配电、控制、保护用的屏（柜、箱）及操作台的金属框架和底座。

6　电力电缆的金属护层、接头盒、终端头和金属保护管及二次电线的屏蔽层。

7　电缆桥架、支架和井架。

8　变电站（换流站）构架、支架。

9　装有架空地线或电气设备的电力线路杆塔。

10　配电装置的金属遮栏。

11　电热设备的金属外壳。

**‹ 参考2 ** 《电气装置安装工程　接地装置施工及验收规范》（GB 50169—2016）

第3.0.9条　附属于已接地电气装置和生产设施上的下列金属部分可不接地：

1　安装在配电屏、控制屏和配电装置上的电气测量仪表、继电器和其他低压电器的外壳。

2　与机床、机座之间有可靠电气接触的电动机和电器的外壳。

第4.3.11条　电动机的接地应符合下列规定：

1　当电机相线截面积小于25mm²时，接地线应等同相线的截面积；当电机相线截面积为25～50mm²时，接地线截面积应为25mm²；当电机相线截面积大于50mm²时，接地线截面积应为相线截面积的50%。

2　保护接地端子除作保护接地外，不应兼作他用。

**‹ 参考3 ** 《爆炸危险环境电力装置设计规范》（GB 50058—2014）

第5.5.3条　爆炸性环境内设备的保护接地应符合下列规定：

1　按照现行国家标准《交流电气装置的接地设计规范》（GB/T 50065—2011）的有关规定，下列不需要接地的部分在爆炸性环境内仍应进行接地：

1）在不良导电地面处，交流额定电压为1000V以下和直流额定电压为1500V及以下的设备正常不带电的金属外壳；

2）在干燥环境，交流额定电压为127V及以下，直流电压为110V及以下的设备正常不带电的金属外壳；

3）安装在已接地的金属结构上的设备。

**‹ 参考4 ** 《旋转电机 定额和性能》（GB/T 755—2019）

第11.1条　电机应具有接地端子或其他设备以连接防护导线或接地导

线，并应用符号（见 IEC 60417—5019）或图形标志。当有下列情况时，本要求不适用：

　　a）具有附加绝缘的电机，或；

　　b）安装在具有附加绝缘的成套装置中的电机，或；

　　c）额定电压交流 50V 及以下或直流 120V 及以下的电机和打算用于 SELV 电路的电机。

　　对额定电压大于交流 50V 或直流 120V 但不超过交流 1000V 或直流 1500V 的电机，接地导线端子应置于接线端子附近。如有接线盒时，则应置于接线盒内。对额定输出超过 100kW 的电机，应在机座上另装一个接地端子。

　　额定电压超过交流 1000V 或直流 1500V 的电机，应在机座上装有一个接地端子，例如一块铁条，此外，对铠装电缆接线盒，盒内应有连接电缆铠甲的设施。

　　当接线盒内设有接地端子时，则接地导线应采用与相线相同的金属制成。

　　当机座上装有接地端子时，经协议接地导线可用另外的金属（例如钢）制成。在这种情况下，端子尺寸的设计应适当考虑导线的导电率。

　　设计接地端子时，应选用截面积符合表 20 规定的导线。当采用的接地导线尺寸大于下表规定时，建议采用与表中所列尺寸尽可能接近的其他尺寸的接地导线。

小结： 电机多数情况需要接地，GB 50169—2016 适用于包括一般工贸、轻工行业的各行业。

问 107　塑料材料的表面电阻多大才能起到防静电的作用？依据哪个规范？

答： 相关参考如下：

参考1　《防静电安全技术规范》（ SY/T 7385—2017 ）

　　第 6.3 条　本安型人体静电消除器的触摸体面电阻值应为 $1×10^7$～$1×10^9 Ω$ 之间，电荷转移量不应大于 $0.1μC$。

参考2　《防静电活动地板通用规范》（ GB/T 36340—2018 ）

　　第 6.1 条　防静电活动地板对地电阻

　　防静电活动地板对地电阻 R_x 分为：导静电型：$R_x =1.0×10^4$～$1.0×10^6 Ω$，静电耗散型 $R_x=1.0×10^6$～$1.0×10^9 Ω$。

参考3　《防静电活动地板通用规范》（ SJ/T 10796—2001 ）

第 6.2 条　在室内温度为（23±2）℃，相对湿度为 45%RH～55%RH 时，活动地板系统电阻为：导静电型 $R < 1.0×10^6Ω$，静电耗散型 $R=1.0×10^6～1.0×10^{10}Ω$。

◀ **参考 4**　《防静电贴面板通用技术规范》（SJ/T 11236—2020）

表 4 聚氯乙烯防静电贴面板物理性能表及表 7 三聚氰胺防静电贴面板物理性能表中有说明。

问 108　防爆挠性管两头金属接头是否需要跨接？

具体问题：如图：

答：不需要。

此处跨接通常基于保护接地和防雷接地需求，需要关注的几个方面：等电位接地、非铠装 / 铠装电缆不同层的接地方式、仪表设备外壳、金属保护管非连续 / 金属保护管连续接地方式。

1. 保护接地要求及做法参考如下：

◀ **参考**　《石油化工仪表接地设计规范》（SH/T 3081—2019）

第 4.1 条　保护接地以及附录 A：

第 4.1.2 条　装有仪表或控制系统的金属盘、台、箱、柜、架等宜实施保护接地。

第 4.1.3 条　与已经接地的金属盘、台、箱、柜、架等电气接触良好，或与其实施了导电连接的仪表和控制系统的外露导电部分可不另外实施保护接地。

第 4.1.4 条　非爆炸危险环境中，供电电压低于 36V 的现场仪表金属外壳、金属保护箱、金属接线箱，可不实施保护接地，但对于可能与高于 36V 电压设备接触的应实施保护接地。

第 4.1.5 条　爆炸危险环境中，非本质安全系统的现场仪表金属外壳、金属保护箱、金属接线箱应实施保护接地，本质安全系统的现场仪表金属外壳、金属保护箱、金属接线箱可不实施保护接地。

　　第 4.1.6 条　用于雷电防护的现场仪表金属外壳、金属保护箱、金属接线箱应实施保护接地。

　　第 4.1.7 条　需要实施保护接地的现场仪表金属外壳、金属保护箱、金属接线箱应就近连接到接地网，或连接到已经接地的金属电缆槽、金属保护管、电缆铠装层、金属支架、框架、平台、围栏、设备等金属构件上。

　　第 4.1.8 条　金属电缆槽、电缆保护金属管应实施保护接地，应直接焊接或用接地导线就近连接到接地网或已接地的金属支架、框架、平台、围栏、设备等金属构件上，当电缆槽较长时，应多点重复接地，接地点间距不应大于 30m。

　　第 4.1.9 条　当本规范 4.1.4、4.1.5、4.1.6 条中的仪表、金属保护箱、金属接线箱等不具备本规范 4.1.7 条的接地条件时，可按照本规范 6.1.2 条 b）项的规格敷设专用接地线。

　　2. 现场仪表及仪表电缆防雷接地要求及做法参见《石油化工仪表系统防雷设计规范》（SH/T 3164—2021）第 9、10 章。

小结： 防爆挠性管两头金属接头不需要跨接。

问 109　图中这种静电跨接线连接方式对不对？

答： 不对。正确的连接方法：应在电缆保护管上焊接接地螺栓，并与接地线采用螺栓连接、固定。参考依据如下：

> **参考**　《电气装置安装工程接地装置施工及验收规范》（GB 50169—2016）

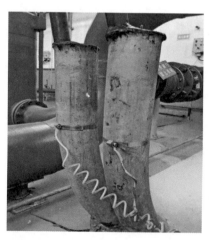

　　第 3.0.4 条　电气装置的下列金属部分，均必须接地：6 电力电缆的金属护层、接头盒、终端头和金属保护管及二次电缆的屏蔽层。

　　因此该部位设置保护接地是必需的。

　　第 4.3.2 条　电气设备上的接地线，应采用热镀锌螺栓连接。

　　综上所述，该处应为电气保护接地。

小结： 应在电缆保护管上焊接接地螺栓，并与接地线采用螺栓连接、固定。

问 110　请问图示静电跨接符合要求吗？

答： 不符合要求。理由如下：

静电跨接是避免法兰间使用非导电垫片如石棉、橡胶等，导致阀门上累积静电无法释放，所以必须在连接的两片法兰间跨接。

图中做法明显错误，按这种跨接方法，跨的是阀门，不是法兰。如果法兰间使用的是非导电垫片，累积在阀门上的静电不能释放到大地，当人操作阀门手轮时就会放电。

正确跨接方式见下图示意。

更详细的防静电接地方法，详见原化工部电气设计技术中心站编制的《CD90B4-88 静电接地图集》。静电跨接目的是消除和缓释电荷的聚集，阀门的节流是电荷产生的因素之一，跨接应能避免电荷聚集。

问题图示：　　　　　　　　　　　正确图示：

标准图：

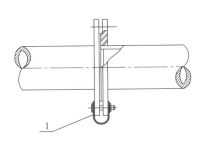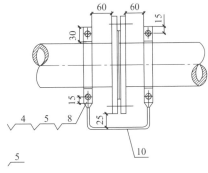

固定式法兰盘跨接线　　　　　　　不锈钢管法兰盘跨接线

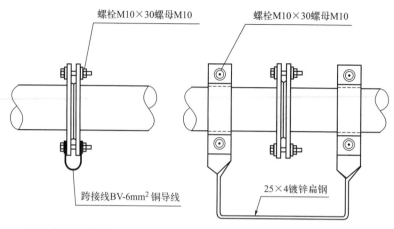

螺栓M10×30螺母M10

跨接线BV-6mm² 铜导线

固定式法兰盘跨接线

螺栓M10×30螺母M10

25×4镀锌扁钢

不锈钢法兰盘跨接线

小结： 图示静电跨接不符合要求，应在两片法兰间跨接。

问 111 图中氧气充装线管道的这个静电跨接对不对？

答： 静电跨接满足规范要求。

参考 《氧气站设计规范》（GB 50030—2013）

第8.0.8条 积聚液氧、液体空气的各类设备、氧气压缩机、氧气灌充台和氧气管道应设导除静电的接地装置，接地电阻不应大于10Ω。

问 112 排管接头是否需要跨接？

答： 如果采用螺纹连接，按照施工规范要求连接且连接良好，则不需要跨接。相关施工规范如下：

‹ **参考1** 《电气装置安装工程　电缆线路施工及验收标准》（GB 50168—2018）

第 5.1.9 条　利用电缆保护钢管做接地线时，应先安装好接地线，再敷设电缆；有螺纹连接的电缆管，管接头处，应焊接跳线，跳线截面应不小于 30mm²。

‹ **参考2** 《石油化工电气工程施工及验收规范》（SH/T 3552—2021）

第 13.3.5 条　爆炸危险环境镀锌钢管的螺纹连接处两端应采用专用接地卡固定跨接接地线，跨接地线应为铜芯软导线，截面积应符合设计要求。

‹ **参考3** 《石油化工电气工程施工及验收规范》（SH/T 3552—2021）

第 18.2.5 条　爆炸危险环境钢管配线应符合下列规定：

a）钢管应采用低压流体输送用镀锌焊接钢管，镀锌层完好；绝缘导线应敷设在钢管内；

b）钢管与钢管、钢管附件、电气设备之间的连接应采用螺纹连接，螺纹加工应光滑、完整、无锈蚀；螺纹有效啮合扣数在爆炸性气体环境 1 区和 2 区，管径为 25mm 及以下的钢管应不少于 5 扣，管径为 32mm 及以上的钢管应不少于 6 扣；在爆炸性粉尘环境，螺纹有效啮合扣数应不少于 5 扣；螺纹上应涂电力复合脂；螺纹连接处应加铜芯软导线作为跨线连接，跨线截面积不应小于 4mm²，采用专用接地卡固定；

c）在爆炸性气体环境 1 区和 2 区，钢管与隔爆型设备连接时，螺纹连接处应加锁紧螺母；

d）无密封装置的电气设备进线口应设隔离密封组件；隔离密封组件距设备外壳距离应小于 450mm；密封前应在规定位置用密封纤维作密实堵塞；使用的密封填料应符合设计规定，装填时按照制造厂使用说明书要求；竖式和卧式隔离密封组件的注入口应朝上，疏水式隔离密封组件的放水口应朝下；

e）直径 50mm 以上钢管距引入的接线箱 450mm 以内处应做隔离密封；

f）管路通过相邻隔墙应在一侧设横向隔离密封件，通过楼板或地面应在上方设纵向隔离密封件；

g）防爆挠性连接管外观检查应无裂纹、孔洞、机械损伤、变形，弯曲半径不小于 5 倍连接管直径。

‹ **参考4** 《电气装置安装工程　爆炸和火灾危险环境电气装置施工及验收规范》（GB 50257—2014）

第5.3.2条 钢管与钢管，钢管与电气设备，钢管与钢管附件之间的连接，应采用螺纹连接，不得采用套管焊接，并应符合下列规定：

1 螺纹加工应光滑、完整无锈蚀，钢管与钢管、钢管与电气设备、钢管与钢管附件之间应采用跨线连接，并应保证良好的电气通路，不得在螺纹上缠麻或绝缘胶带及涂其他油漆。

2 在爆炸性气体环境1区或2区与隔爆型设备连接时，螺纹连接处应有锁紧螺母。

第7.1.1条 在爆炸危险环境的电气设备的金属外壳、金属构架、安装在已接地的金属结构上的设备、金属配线管及其配件、电缆保护管、电缆的金属护套等非带电的裸露金属部分，均应接地。

以下现场图片是根据上述规范做的合规性跨接，仅供参考。

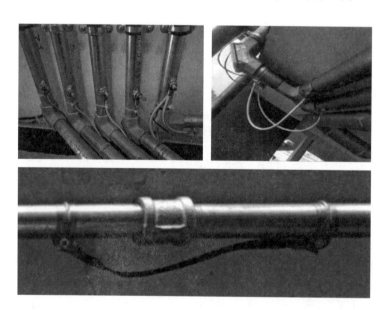

第五章
仪表综合管理

全方位管理仪表，保障测量精准、控制可靠，
赋能过程生产精细化。

——华安

问 113 化工厂哪些区域必须设置视频监控？

答： 经查阅，以下文件、标准对视频监控有规定，具体如下：

› **参考1** 《危险化学品重大危险源监管管理暂行规定》（安全监管总局令第40号，2015年79号修正）

第十三条　危险化学品单位应当根据构成重大危险源的危险化学品种类、数量、生产、使用工艺（方式）或者相关设备、设施等实际情况，按照下列要求建立健全安全监测监控体系，完善控制措施：

（四）重大危险源中储存剧毒物质的场所或者设施，设置视频监控系统；《危险化学品重大危险源罐区现场安全监控装备设置规范》

› **参考2** 《危险化学品重大危险源 安全监控通用技术规范》（AQ 3035—2010）

第4.5.2条　储罐区 储罐区监测预警项目主要包括罐内介质的液位、温度、压力，罐区内可燃/有毒气体浓度、明火、环境参数以及音视频信号和其他危险因素等。

第4.5.3条　库区（库）库区（库）监测预警项目一般包括库区室内的温度、湿度、烟气以及室内外的可燃/有毒气体浓度、明火、音视频信号以及人员出入情况和其他危险因素等。

第4.5.4条　生产场所 生产场所监测预警项目一般包括温度、压力、液位、阀位、流量以及可燃/有毒气体浓度、明火和音视频信号和其他危险因素等。

› **参考3** 《危险化学品重大危险源罐区现场安全监控装备设置规范》（AQ 3036—2010）

10.1　一般原则

10.1.1　罐区应设置音视频监控报警系统，监视突发的危险因素或初期的火灾报警等情况。

10.1.2　摄像头的设置个数和位置，应根据罐区现场的实际情况而定，既要覆盖全面，也要重点考虑危险性较大的区域。

10.1.3　摄像视频监控报警系统应可实现与危险参数监控报警的联动。

10.1.4　摄像监控设备的选型和安装要符合相关技术标准，有防爆要求的应使用防爆摄像机或采取防爆措施。

› **参考4** 《易制爆危险化学品储存场所治安防范要求》（GA 1511—2018）

8　技术防范要求

8.1　防护要求

8.1.1　封闭式、半封闭式、露天式储存场所的周界应按照视频监控装置。

8.1.3　露天式储存场所物品堆放区域或大型槽罐放置区域应按照视频监控装置。

8.1.4　小剂量存放场所出入口或存放部位应按照视频监控装置。

8.1.6　保卫值班室、安防监控中心内部应按照视频监控装置。

◀ 参考5　《易制毒化学品管理条例》（国务院令第445号，2018年修订）

第七条　申请生产第一类中的药品类易制毒化学品，还应当在仓储场所等重点区域设置电视监控设施以及与公安机关联网的报警装置。

◀ 参考6　《剧毒化学品、放射源存放场所治安防范要求》（GA 1002—2012）附录 A

◀ 参考7　《药品类易制毒化学品管理办法》（2010年卫生部令第72号）

药品类易制毒化学品生产企业、经营企业和使用药品类易制毒化学品的药品生产企业，其关键生产岗位、储存场所应当设置电视监控设施，安装报警装置并与公安机关联网。

◀ 参考8　《工业电视系统工程设计规范》（GB 50115—2019）

第4.3.4条　工业电视系统应在下列场所设置：

1　生产流程需要监视的设施；

2　生产操作中需要边监视边操作的设备；

3　生产作业需要监视又不易直接观察到的工位；

4　无人值守场所需要监视的生产装置；

5　爆炸危险、有毒有害场所内需要监视的生产部位；

6　生产和管理需要设置的其他场所。

第4.3.4条　条文解释

（1）危险化学品仓储设施、储罐区；

（2）构成危险化学品重大危险源的生产装置；

（3）涉及重点监管的危险化工工艺生产装置及控制室、危险化学品的生产装置及控制室；

（4）氯气、氨气及硫化氢等毒性气体的生产装置、控制室及装置界区，剧毒化学品的生产装置、控制室及装置界区；

（5）危险化学品输送管道的界区分界点，穿越铁路、高速公路的点段。

小结： 化工厂需根据场景参考相应规范设置视频监控。

问 114　对储存易制毒化学品监控录像的时长有要求吗？

答： 有。

◁ **参考** 《易制毒化学品管理条例》（国务院令第 703 号，2018 年修订）

第七条　申请生产第一类中的药品类易制毒化学品，还应当在仓储场所等重点区域设置电视监控设施以及与公安机关联网的报警装置。

条例中未对监控录像存储时间做明确要求，有属地要求最低存放时间 90 天，有些地方要求 180 天。具体设置要求，可在购买前咨询当地公安机关部门。

小结： 易制毒储存监控有录像时长咨询当地公安机关部门。

问 115　电缆导管最低点排水口是否需要封堵？

答： 不能封堵，其主要作用是排除管内积水，与防爆无关。

爆炸危险区域的防爆电气设备的电缆配线工程分为钢管布线和电缆布线。钢管布线要求自现场配电箱／接线箱／控制箱至用电设备全程采用钢管配线，钢管配线需在钢管内设置隔离密封。其与电缆布线的穿钢管保护要求不同，电缆布线不要求全程隔离密封，只需满足防爆电气设备进线口处对应防爆要求即可。

仪表电缆配线工程通常为电缆布线，需要考虑当保护管内有可能受到雨水或潮湿气体浸入并进入电气设备时，应在最低点采取排水措施。因此此场景下，不能封堵。若处在非防爆区，更无需封堵。

◁ **参考1** 《石油化工仪表工程施工及验收规范》（SH/T 3551—2024）

9.4.12　保护管的仪表端宜低于仪表及接线箱的进线口，当保护管有可能受到雨水或潮湿气体浸入时，在可能积水的位置或最低处，应安装排水三通。

◁ **参考2** 《石油化工仪表管道线路设计规范》（SH/T 3019—2016）

第 7.3.6 条　保护管与检测元件或现场仪表之间，采用挠性管连接时，保护管口应低于仪表进线口约 250mm，保护管从上向下敷设至仪表时，在管末端应加排水三通。当保护管与仪表之间不采用挠性管连接时，管末端应带护线帽（护口）或加工成喇叭口。

‹ **参考3** 《自动化仪表工程施工及质量验收规范》（GB 50093—2013）

第7.4.11条　当电缆导管有可能受到雨水或潮湿气体浸入时，应在最低点采取排水措施。

小结： 电缆导管最低点排水口不需要封堵。

问 116 仪表管线采用钢管防护时是否可以在地面敷设？

答： 仪表电缆用钢管保护时不能在地面上敷设，主要是担心各种破坏，包括物体打击、重物砸伤、泄漏的物料腐蚀浸入等，所以要么上天，要么入地。因为控制类的数据电缆是很重要的保护对象，就像国防电缆一样。

相关规范如下：

‹ **参考1** 《仪表配管配线设计规范》（HG/T 20512—2014）

第8.4.2条　保护管宜采用架空敷设。当架空有困难时，可采用埋地敷设，但保护管径应加大，埋地部分应进行防腐处理。

‹ **参考2** 《石油化工仪表管道线路设计规范》（SH/T 3019—2016）

第7.3.2条　保护管宜采用架空敷设。当架空敷设有困难时，可采用埋地敷设，但保护管管径应加大一级。埋地部分应进行防腐处理。

第7.3.3条　敷设的保护管应选最短途径敷设。埋入墙或混凝土内时，离表面的净距离不应小于25mm。

‹ **参考3** 《石油储备库设计规范》（GB 50737—2011）

11.4　仪表电缆敷设

第11.4.1条　室外仪表电缆敷设应符合下列规定：

1　在生产区敷设的仪表电缆宜采用电缆沟、电缆管道、直埋等地面下敷设方式；采用电缆沟时，电缆沟应充沙填实；

2　生产区局部地方确需在地面敷设的电缆应采用保护管或带盖板的电缆桥架等方式敷设；

3　非生产区的仪表电缆可采用带盖板的电缆桥架在地面以上敷设。

第11.4.2条　电缆采用电缆桥架架空敷设时宜采用对绞屏蔽电缆。在同一电缆桥架内应设隔板将信号电缆与220V（AC）电源电缆分开敷设。220V（AC）电源信号也可单独穿管敷设。

第11.4.3条　仪表电缆保护管宜采用热浸锌钢管。

小结： 仪表电缆用钢管保护时不能在地面上敷设。

问 117 关于罐区电缆埋地敷设都有哪些标准?

答: 相关标准如下:

参考1 《储罐区防火堤设计规范》(GB 50351—2014)

3.1.4 进出储罐组的各类管线、电缆应从防火堤、防护墙顶部跨越或从地面以下穿过。当必须穿过防火堤、防护墙时,应设置套管并应采用不燃烧材料严密封闭,或采用固定短管且两端采用软管密封连接的形式。

参考2 《石油库设计规范》(GB 50074—2014)

第15.1.13条 自动控制系统的室外仪表电缆敷设,应符合下列规定:

1 在生产区敷设的仪表电缆宜采用电缆沟、电缆保护管、直埋等地下敷设方式。采用电缆沟时,电缆沟应充沙填实。

参考3 《石油储备库设计规范》(GB 50737—2011)

11.4 仪表电缆敷设

第11.4.1条 室外仪表电缆敷设应符合下列规定:

1 在生产区敷设的仪表电缆宜采用电缆沟、电缆管道、直埋等地面下敷设方式;采用电缆沟时,电缆沟应充沙填实;

2 生产区局部地方确需在地面敷设的电缆应采用保护管或带盖板的电缆桥架等方式敷设;

3 非生产区的仪表电缆可采用带盖板的电缆桥架在地面以上敷设。

第11.4.2条 电缆采用电缆桥架架空敷设时宜采用对绞屏蔽电缆。在同一电缆桥架内应设隔板将信号电缆与220V (AC) 电源电缆分开敷设。220V (AC) 电源信号也可单独穿管敷设。

第11.4.3条 仪表电缆保护管宜采用热浸锌钢管。

参考4 《石油化工罐区自动化系统设计规范》(SH/T 3184—2017)

第5.7.1条 罐区的仪表电缆宜采用埋地方式敷设,应符合《石油化工仪表管道线路设计规范》(SH/T 3019—2016)。

第5.7.2条 罐区或局部不便于在地下敷设电缆的区域,应采用镀锌钢保护管或带盖板的全封闭具有防腐措施的金属电缆槽的方式敷设,不应采用非金属材料的保护管或电缆槽。

小结: 罐区仪表电缆埋地方式敷设的标准主要参考 GB 50351—2014、GB 50074—2014、GB 50737—2011、SH/T 3184—2017 等。

问 118 仪表管道线路敷设连接的规范有哪些?

答: 相关参考如下:

参考1 《石油化工仪表工程施工及验收规范》(SH/T 3551—2024)

9.4.12 保护管的仪表端宜低于仪表及接线箱的进线口,当保护管有可能受到雨水或潮湿气体浸入时,在可能积水的位置或最低处,应安装排水三通。

9.4.15 保护管与仪表、接线箱连接时,应按设计文件规定安装电缆密封接头、密封管件或挠性软管,并作防水处理:当保护管与仪表之间不采用挠性软管连接时,管末端应戴护线帽或加工成喇叭口。

9.4.16 暗配保护管应选最短途径敷设,在抹面或浇灌混凝土之前安装,埋入墙或混凝土时,离表面的净距离不应小于15mm,外露的管端应采取保护螺纹的措施。

9.4.19 保护管引出地面的管口宜高出地面 200mm,并应有防水、防尘措施:当从地下引入落地式仪表盘(箱)内时,管口宜高出地面 50mm。多根并排的保护管安装时,应排列整齐,管口标高一致。

9.4.20 当保护管埋地敷设时,为方便施工,在保护管汇聚、转弯和上引等地方可设置手孔。

参考2 《石油化工仪表管道线路设计规范》(SH/T 3019—2016)

7.3.6 保护管与检测元件或现场仪表之间,采用挠性管连接时,保护管口应低于仪表进线口约 250mm,保护管从上向下敷设至仪表时,在管末端应加排水三通。当保护管与仪表之间不采用挠性管连接时,管末端应带护线帽(护口)或加工成喇叭口。

参考3 《自动化仪表工程施工及质量验收规范》(GB 50093—2013)

8.1.5 仪表管道在穿墙和过楼板处,应加装保护套管或保护罩,管道接头不应在保护套管或保护罩内。当管道穿过不同等级的爆炸危险区域、火灾危险区域和有毒场所的分隔间壁时,保护套管或保护罩应密封。

参考4 《输油输气管道自动化仪表工程施工技术规范》(SY/T 4129—2014)

7.1.1 当电缆槽盒、电缆沟、保护管进入室内或仪表设备时,应封堵并采取防水措施;通过不同等级的爆炸危险区域的分隔间壁时,在分隔间壁处应做隔离密封。

问 119 把甲类车间机柜间放到丙类车间是否可以？

答： 不可以。

机柜间同变、配电室一样分公共与专用两种，车间机柜间属专用，且多为附属或贴邻建造，不应放置其他车间机柜间，只有公共机柜间才可以，且应独立建造。

如果甲类车间机柜间放到丙类车间，丙类车间出事故就势必会波及甲类车间机柜，扩大影响。如果集中在独立建造的公共机柜间，相互影响就小多了。

小结： 车间专用机柜间不能布置在其它车间内。

问 120 联合装置的中央控制室未进行抗爆结构设计属于重大安全隐患吗？

具体问题： 建厂设计时只有一套装置，现在有三套装置，而且都接进了中央控制室。专家指出，根据《控制室设计规范》（HG/T 20508—2014），对于存在爆炸危险的工艺装置，其联合装置的中央控制室应进行抗爆结构设计，联合装置的中央控制室未进行抗爆结构设计属于重大安全隐患；这个爆炸危险装置是按 3 号文的解释吗？

答：（1）引用规范条文不准确，《控制室设计规范》关于中控室的要求是通过计算确定是否抗爆结构。另外，3 号文所述爆炸危险指爆炸物。

（2）依据《控制室设计规范》（HG/T 20508—2014）所述

1）对于有爆炸危险的化工工厂，中心控制室建筑物的建筑、结构应根据抗爆强度计算、分析结果设计。

2）对于有爆炸危险的化工装置，控制室、现场控制室、现场机柜室应采用抗爆结构设计。

（3）基于风险考虑，标准所述的爆炸危险，应通过爆炸风险评估确定。

满足下列条件之一，建议进行抗爆设计：

◁ **参考 1**　国务院安全生产委员会关于印发《全国安全生产专项整治三年行动计划》的通知（安委〔2020〕3 号）

"涉及爆炸危险性化学品的生产装置控制室、交接班室不得布置在装置区内，已建成投用的必须于 2020 年底前完成整改；涉及甲乙类火灾危险性的生产装置控制室、交接班室原则上不得布置在装置区内，确需布置的，应按照《石油化工控制室抗爆设计规范》（GB 50779—2012），在 2020 年底前完成抗爆设计、建设和加固。具有甲乙类火灾危险性、粉尘爆炸危险性、中毒危险性的厂房（含装置或车间）和仓库内的办公室、休息室、外操室、巡检室，2020 年 8 月前必须予以拆除。"

> **参考 2**　《石油化工企业设计防火标准》（GB 50160—2008，2018 年版）

5.7.1　中央控制室应根据爆炸风险评估确定是否需要抗爆设计。布置在装置区的控制室、有人值守的机柜间宜进行抗爆设计，抗爆设计应按现行国家标准《石油化工控制室抗爆设计规范》（GB 50779—2012）的规定执行。

> **参考 3**　《石油化工控制室设计规范》（SH/T 3006—2012）

5.9　对于有爆炸危险的石油化工装置，中心控制室建筑物的建筑、结构应根据抗爆强度计算、分析结果统计。

7.8　对于有爆炸危险的石油化工装置，现场机柜室建筑物的建筑、结构应根据抗爆强度计算、分析结果统计。

> **参考 4**　《控制室设计规范》（HG/T 20508—2014）

3.4.1　对于有爆炸危险的化工厂，中心控制室建筑物的建筑、结构应根据抗爆强度计算、分析结果统计。

小结：控制室应根据爆炸风险评估确定是否需要抗爆设计。

问 **121**　哪些装置需要设置 ESD？

答：ESD 为 emergency shutdown 的缩写，含义为：紧急停车。ESD 功能为紧急停车功能。ESD 功能可以在 BPCS（例如 DCS）中实现，也可以在 SIS 中实现，SIL 定级为 SIL1 及以上的 EDS 功能应在 SIS 中实现。ESD 功能的设置应符合工艺要求、HAOP 要求、SIL 定级要求，还应符合标准规范和监管部门的要求。对 ESD 的需求，不依赖于装置的大小，而来自装置风险的控制需求。对 ESD 的需求，只能通过工程设计和安全评估确定。为加强指导、帮扶、管理，安全监管部门出台了一些文件，明确了确需 ESD 的工艺，但是并不意味着只有这些工艺需要，其他工艺不需要。

经查询，如下文件和标准有相关要求，汇总如下：

（一）监管部门发布的文件

> **参考 1**　《危险化学品重大危险源监督管理暂行规定》（安全监管总局令第 40 号）

第十三条 危险化学品单位应当根据构成重大危险源的危险化学品种类、数量、生产、使用工艺（方式）或者相关设备、设施等实际情况，按照下列要求建立健全安全监测监控体系，完善控制措施：

（一）重大危险源配备温度、压力、液位、流量、组分等信息的不间断采集和监测系统以及可燃气体和有毒有害气体泄漏检测报警装置，并具备信息远传、连续记录、事故预警、信息存储等功能；一级或者二级重大危险源，具备紧急停车功能。记录的电子数据的保存时间不少于30天；

（二）重大危险源的化工生产装置装备满足安全生产要求的自动化控制系统；一级或者二级重大危险源，装备紧急停车系统；

（三）对重大危险源中的毒性气体、剧毒液体和易燃气体等重点设施，设置紧急切断装置；毒性气体的设施，设置泄漏物紧急处置装置。涉及毒性气体、液化气体、剧毒液体的一级或者二级重大危险源，配备独立的安全仪表系统。

构成一级、二级重大危险源的危险化学品罐区应实现紧急切断功能，并处于投用状态。

◀ **参考2** 《关于进一步加强化学品罐区安全管理的通知》（安监总管三〔2014〕68号）

根据规范要求设置储罐高低液位报警，采用超高液位自动联锁关闭储罐进料阀门和超低液位自动联锁停止物料输送措施。确保易燃易爆、有毒有害气体泄漏报警系统完好可用。大型、液化气体及剧毒化学品等重点储罐要设置紧急切断阀。

◀ **参考3** 《国家安全监管总局关于印发遏制危险化学品和烟花爆竹重特大事故工作意见的通知》（安监总管三〔2016〕62号）

自2017年1月1日起，凡是构成一级、二级重大危险源，未设置紧急停车（紧急切断）功能的危险化学品罐区，一律停止使用。

◀ **参考4** 《化工和危险化学品生产经营单位重大生产安全事故隐患判定标准（试行）》（安监总管三〔2017〕121号）

四、涉及重点监管危险化工工艺的装置未实现自动化控制，系统未实现紧急停车功能，装备的自动化控制系统、紧急停车系统未投入使用。

五、构成一级、二级重大危险源的危险化学品罐区未实现紧急切断功能；涉及毒性气体、液化气体、剧毒液体的一级、二级重大危险源的危险化学品罐区未配备独立的安全仪表系统。

◀ **参考5** 《关于进一步加强危险化学品建设项目安全设计管理的通知》

（安监总管三〔2013〕76号）

（二十二）有毒物料储罐、低温储罐及压力球罐进出物料管道应设置自动或手动遥控的紧急切断设施。

‹ 参考6 《关于进一步加强化学品罐区安全管理的通知》（安监总管三〔2014〕68号）

（一）进一步完善化学品罐区监测监控设施。根据规范要求设置储罐高低液位报警，采用超高液位自动联锁关闭储罐进料阀门和超低液位自动联锁停止物料输送措施。确保易燃易爆、有毒有害气体泄漏报警系统完好可用。大型、液化气体及剧毒化学品等重点储罐要设置紧急切断阀。

‹ 参考7 《国家安全监管总局关于加强化工企业泄漏管理的指导意见》（安监总管三〔2014〕94号）

（八）完善自动化控制系统。涉及重点监管危险化工工艺和危险化学品的生产装置，要按安全控制要求设置自动化控制系统、安全联锁或紧急停车系统和可燃及有毒气体泄漏检测报警系统。紧急停车系统、安全联锁保护系统要符合功能安全等级要求。危险化学品储存装置要采取相应的安全技术措施，如高、低液位报警和高高、低低液位联锁以及紧急切断装置等。

‹ 参考8 《化工（危险化学品）企业安全检查重点指导目录》的通知（安监总管三〔2015〕113号）设备设施管理：

19. 油气储罐未按规定达到以下要求的：

（1）液化烃的储罐应设液位计、温度计、压力表、安全阀，以及高液位报警和高高液位自动联锁切断进料措施；全冷冻式液化烃储罐还应设真空泄放设施和高、低温度检测，并应与自动控制系统相联；

（2）气柜应设上、下限位报警装置，并宜设进出管道自动联锁切断装置；

（3）液化石油气球形储罐液相进出口应设置紧急切断阀，其位置宜靠近球形储罐。

‹ 参考9 关于印发《本质安全诊断治理基本要求》的通知（苏应急〔2019〕53号）

一、重大隐患诊断

按照《化工和危险化学品生产经营单位重大生产安全事故隐患判定标准（试行）》（安监总管三〔2017〕121号），从严判定重大隐患，不漏判、不误判。

5. 按照《国家安全监管总局关于公布首批重点监管的危险化工工艺目

录的通知》（安监总管三〔2009〕116 号）、《国家安全监管总局关于公布第二批重点监管危险化工工艺目录和调整首批重点监管危险化工工艺中部分典型工艺的通知》（安监总管三〔2013〕3 号）、GB/T 50770—2013、GB/T 20438、GB/T 21109 等规定，并根据 HAZOP 分析建议项，列表诊断涉及重点监管危险化工工艺生产装置自动控制（包括 DCS、PLC、ESD、SIS）安全功能的符合性，逐项列出不符合项。

6. 按照《危险化学品重大危险源监督管理暂行规定》（原国家安监总局令第 40 号）、《国家安全监管总局关于加强化工安全仪表系统管理的指导意见》（安监总管三〔2014〕116 号）等文件要求，列表诊断构成重大危险源的生产装置（储存设施）的自动化控制、安全仪表系统、紧急停车系统或紧急切断设施等安全功能的符合性，逐项列出不符合项。

（一）原料、产品储罐以及装置储罐自动控制

1. 容积大于等于 100m³ 的可燃液体储罐、有毒液体储罐、低温储罐及压力罐均应设置液位连续测量远传仪表元件和就地液位指示，并设高液位报警，浮顶储罐和有抽出泵的储罐同时设低液位报警；易燃有毒介质压力罐设高高液位或高高压力联锁停止进料。设计方案或 HAZOP 分析报告提出需要设置低低液位自动联锁停泵、切断出料阀的，应满足其要求。

2. 涉及 16 种自身具有爆炸性危险化学品，容积小于 100m³ 的液态原料、成品储罐，应设高液位报警。设计方案或 HAZOP 分析报告提出需要设置高高液位报警并联锁切断进料阀、低低液位报警并联锁停泵的，应满足其要求。

3. 储存Ⅰ级和Ⅱ级毒性液体的储罐、容量大于或等于 1000m³ 的甲 B 和乙 A 类可燃液体的储罐、容量大于或等于 3000m³ 的其他可燃液体储罐应设高高液位报警及联锁关闭储罐进口管道控制阀。

4. 构成一级或者二级重大危险源危险化学品罐区的液体储罐均应设置高、低液位报警和高高、低低液位联锁紧急切断进、出口管道控制阀。

5. 可燃液体或有毒液体的装置储罐应设置高液位报警并设高高液位联锁切断进料。装置高位槽设置高液位报警并高高液位联锁切断进料或设溢流管道，宜设低低液位联锁停抽出泵或切断出料设施。

7. 涉及毒性气体、液化气体、剧毒液体的一级、二级重大危险源的危险化学品罐区应设独立的安全仪表系统。每个回路的检测元件和执行元件均宜独立设置，安全仪表等级（SIL）宜不低于 2 级。

9. 带有高液位联锁功能的可燃液体和剧毒液体储罐应配备两种不同原理的液位计或液位开关，高液位联锁测量仪表和基本控制回路液位计应分开设置。压力储罐液位测量应设一套远传仪表和就地指示仪表，并应另设一套专用于高高液位或低低液位报警并联锁切断储罐进料（出料）阀门的液位测量仪表或液位开关。

14. 构成一级、二级危险化学品重大危险源应装备紧急停车系统，对重大危险源中的毒性气体、剧毒液体和易燃气体等重点设施，设置紧急切断装置。紧急停车（紧急切断）系统的安全功能既可通过基本过程控制（DCS 或 SCADA）系统实现，也可通过安全仪表系统（SIS）实现。安全完整性（SIL）等级为 1 级的，其紧急停车（紧急切断）系统的安全功能可通过基本过程控制（DCS 或 SCADA）系统实现，也可通过安全仪表系统（SIS）实现，安全完整性（SIL）等级为 2 级及以上，其紧急停车功能必须通过安全仪表系统（SIS）实现。

（二）标准规范

‹ **参考 10**　《石油化工储运系统罐区设计规范》（SH/T 3007—2014）

第 6.4.1 条　液化烃储罐底部的液化烃出入口管道应设可远程操作的紧急切断阀，紧急切断阀的执行机构应有故障安全保障的措施。

‹ **参考 11**　《石油化工企业设计防火标准》（GB 50160—2008，2018年版）

第 7.2.15 条　"液化烃及操作温度等于或高于自然点的可燃液体设备至泵的入口管道应在靠近设备根部设置切断阀。当设备容积超过 40m³ 且与泵的间距小于 15m 时，该切断阀应为带手动功能的遥控阀，遥控阀就地操作按钮距泵的间距不应小于 15m。"

6.4.2　站内无缓冲罐时，在距装卸车鹤位 10m 以外的装卸管道上应设便于操作的紧急切断阀。

‹ **参考 12**　《液化烃球形储罐安全设计规范》（SH 3136—2003）

5.3.3　对于间歇操作下槽车装卸的液化石油气球形储罐，应设高高液位自动联锁紧急切断进料装置。对于单组分液化烃或炼化生产装置连续操作的球形储罐，其联锁要求应根据其上下游工艺生产流程的要求确定。

6.1　液化石油气球形储罐液相进出应设置紧急切断阀，其位置宜靠近球形储罐。

‹ **参考 13**　《立式圆筒形钢制焊接储罐安全技术规范》（AQ 3053—2015）

12.2.2 液位限制附件

可燃液体储罐，应按规范的要求和操作需要设置液位计和高低液位报警装置、高高液位报警装置，并将报警及液位显示信息传至控制室。频繁操作的储罐宜设自动联锁紧急切断装置。

大型罐应设高低液位报警装置、高高液位报警装置和紧急切断装置，并采取高高液位报警联锁紧急切断装置的措施，在防火堤外及控制室操作站应设置紧急切断阀联锁按钮。当储罐发生液位报警高高或火灾时，能够遥控或就地手动关闭进料切断阀，在切断阀关闭后，应自动联锁停止进料泵。

小结： ESD 的设置应通过工程设计和安全评估确定。

问 122 ESD 回路需要 SIL 评估认证吗？紧急停车 ESD 也需要吗？

答： ESD 为 emergency shutdown 的缩写，含义为：紧急停车。ESD 功能为紧急停车功能。ESD 功能（紧急停车功能）可以在 BPCS（例如 DCS）中实现，也可以在 SIS 中实现，SIL 定级为 SIL1 及以上的 EDS 功能应在 SIS 中实现。

ESD 功能的设置应符合工艺要求、HAZOP 要求、SIL 定级要求，标准规范和监管部门的要求。应开展 SIL 定级应符合 GB/T 32857—2016 的规定，例如：GB/T 32857—2016 5.2 规定 LOPA 一般用于场景后果过于严重而不能只依靠定性方法进行风险判断。应开展 SIL 定级还应符合监管文件的要求，例如根据安监局 116 号文对于涉及两重点一重大的项目应开展 SIL 评估。

问 123 对抗震压力表的油位有要求吗？

答： 有要求。

> **参考** 《抗震压力表》(JB/T 6804—2006)

第 5.13.2 条 表壳内灌充液应清洁、透明，液面高度位于表壳中心上方 $0.25 \sim 0.30D$（D 为仪表外壳公称直径）之间，且无渗漏现象。

小结： 抗震压力表的油位液面高度位于表壳中心上方 $0.25 \sim 0.30D$（D 为仪表外壳公称直径）之间。

问 124 钢瓶减压阀上的压力表需要定期检验吗？

答： 需要。

> **参考** 《气瓶安全技术规程》（TSG 23—2021）

7.1 气瓶附件含义及范围

7.1.1 气瓶附件含义

气瓶附件，是指与气瓶瓶体直接相连的具有安全保护或者防护功能的气瓶组件或者仪表。

7.1.2 气瓶附件范围

气瓶附件的范围如下：

（1）气瓶安全附件，包括气瓶阀门（含组合阀件，简称瓶阀）、安全泄压装置、紧急切断装置等；

（2）气瓶保护附件，包括固定式瓶帽、保护罩、底座、颈圈等；

（3）安全仪表，包括压力表、液位计等。

气瓶的压力表属于 7.1.2 条款气瓶附件中的安全仪表类。不属于 7.1.2 条款气瓶安全附件的容器压力表，无要求需要强检，但是企业需要按计量规范内部定期调校或检定。

小结： 钢瓶减压阀上的压力表需要定期检验。

问 125 常压储罐上已经设置了具有远传功能的压力测量仪表，是否有必要再设置就地的压力表？

答： 一般不要求常压储罐安装压力表。

> **参考** 《石油化工储运系统罐区设计规范》（SH/T 3007—2014）

5.4.11 应将储罐的液位、温度、压力测量信号传送至控制室集中显示。

5.4.7 低压储罐应设压力测量就地指示仪表和压力远传仪表。压力就地指示仪表与压力远传仪表不得共用一个开口。压力表的安装位置，应保证在最高液位时能测量气相的压力并便于观察和维修。

6.3.1 压力储罐应设压力就地指示仪表和压力远传仪表。压力就地指示仪表和压力远传仪表不得共用一个开口。

小结： 压力储罐（含低压储罐）要求设置压力就地指示仪表和压力远传仪表，常压储罐只要求设置液位和温度测量仪表。从安全角度考虑，建议企业安装就地压力表。

问 126 苯乙烯现场的气相压力（压力表或压力变送器）是否需经常吹扫？是手动还是自动？

答： 现场苯乙烯装置应该密闭的，设有氮封系统，定期检查维护便可，没有要求需经常吹扫。

问 127 液位计选型参考哪些规范？

答： 依据不同行业性质，合理选择液位计，常用的选型规范包括：
1.《自动化仪表选型设计规范》（HG/T 20507—2014）；
2.《石油化工自动化仪表选型设计规范》（SH/T 3005—2016）；
3.《石油化工罐区自动化系统设计规范》（SH/T 3184—2017）；
4.《石油化工空分装置自动化系统设计规范》（SH/T 3198—2018）；
5.《石油化工动力中心自动化系统设计规范》（SH/T 3183—2017）；
6.《油气田及管道工程仪表控制系统设计规范》（GB/T 50892—2013）；
7.《油气田及管道工程仪表控制系统设计规范》（SY/T 7700—2023）。

问 128 压力容器液位计现场和远传能不能用一个测量管口？

答： 视情况而定。

化工厂压力容器（塔类，卧罐，立罐，反应釜，过滤器等）一般设就地和远传各一种或两个远传液位计，有毒和易燃易爆的压力容器的液位计现场和远传测量管口有独立设置要求，其他介质没有独立设置要求，参考规范如下：

> **‹ 参考** 《石油化工安全仪表系统设计规范》（GB 50770—2013）
> 6.1.6 测量仪表及取源点宜独立设置。

小结： 有毒和易燃易爆的压力容器的液位计现场和远传测量管口有独立设置要求，其他介质没有独立设置要求。

问 129 安全电压是多少伏？

答： 安全电压的根本目的是防止人员电击事故，分为限值和额定值，限值为 50V，额定值可以为 42V、36V、24V、12V、6V 等多个额定电压。

◀ **参考 1** 《标准电压》（ GB/T 156—2017 ）

不同的电压应用在不同场合，比如：

42V，针对手持电动工具等。

36V，安全特低电压，但仍有触电致死的可能。

24V，可以持续接触。

12V，绝对安全电压。

6V，水下作业等环境。

◀ **参考 2** 《建筑电气与智能化通用规范》（ GB 55024—2022 ）

4.6.1　特低电压是防电击的措施之一，需要根据电气设计要求进行选择，在某些特殊场合，如涉水的、潮湿的区域，除必须选择特低电压作为安全防护措施外，还需要配套如漏电保护等措施，不能盲目认为安全电压就一定不会发生电击事故。

小结： 安全电压分为限值和额定值，限值为 50V，额定值可以为 42V、36V、24V、12V、6V 等多个额定电压。

问 130　本安型和隔爆型的仪表都需要接地吗？

答： 按照防爆需求和安全用电要求，本安仪表外壳不需要接地，隔爆型仪表根据具体情况是否需要接地。爆炸危险环境中，符合 SELV ［低于 50V（AC），120V（DC）］规定供电的非本安仪表可以不接地。

◀ **参考 1** 《爆炸性环境　第 15 部分：电气装置的设计、选型和安装》（ GB/T 3836.15—2024/IEC 60079-14：2007 ）

本质安全电路应：a）与地绝缘；或 b）连接在等电位导线上的一点，如果该等电位导线分布在本质安全电路安装的场所内，安装方式应按照电路的功能要求，并且与制造商说明书的要求一致来选择。如果一个电路电气隔离成多个分回路，并且每个分回路仅有一个接地点，则允许一个电路有一个以上的接地连接。对于对地绝缘的本质安全电路，应注意静电放电引起的危险。通过大于 0.2MΩ 的电阻接地，例如，用于耗散静电电荷，此方法不视为接地。

如果由于安全需要，例如，安装没有电隔离的安全栅时，本质安全电路应接地。如果由于功能需要与地连接，也可以接地，例如，焊接的热电偶。如果本质安全设备不承受 GB 3836.4—2010 规定的 500V 交流有效值对地介电强度试验，可假定设备接地。如果设备接地（例如，通过安装方法），并且在设备和关联设备的接地连接点之间使用等电位连接导体，则不要求符合 a）或 b）的要求。这种情况宜由有能力的人员认真考虑，并且在任何情况下不宜用于没有电隔离进入要求 EPL.Ga 级场所的电路。如果使用等电位连接导体，宜与场所相适用，铜线的横截面积至少 4mm²，不用插头和插座永久安装，并且要有充分的机械保护，接线端子除 TP 等级之外，要符合增安型"e"的要求。本质安全电路中，没有电隔离的安全栅（例如，齐纳安全栅）的接地端子应：1）通过尽可能短的路径与等电位系统连接；或 2）仅对于 TN-S 系统，连接到完整性高的接地点的方法要确保主电源系统接地点连接阻抗应小于 1Q。可通过与控制室内接地排连接，或者用单独的接地排连接来实现这一要求。使用的导体应绝缘，防止可能在金属部件流动的故障电流流入地面，使导体对外接触（例如，控制板框架）。如果损坏的危险较大，还应有机械保护。接地导体截面积应为：至少两根导体，每根导体额定负载都能承受能够连续通过的最大电流。每根导体为截面积至少为 1.5mm² 的铜导体；或连接阻抗小于 1Q。可通过与控制室内接地排连接，或者用单独的接地排连接来实现这一要求。

使用的导体应绝缘，防止可能在金属部件流动的故障电流流入地面，使导体对外接触（例如，控制板框架）。如果损坏的危险较大，还应有机械保护。

接地导体截面积应为：

——至少两根导体，每根导体额定负载都能承受能够连续通过的最大电流。每根导体为截面积至少为 1.5mm² 的铜导体；或至少一根导体，截面积至少为 4mm² 的铜导体。注：宜考虑有两个接地导体便于试验。

连接到安全栅输入端子的供电系统产生的预期短路电流，如果接地导体不能承受，则接地导体面积立增大，或者应另外增加导体。

如果通过接线盒实现接地，宜特别注意确保连接的连续性和完整性。

◀ **参考2** 《爆炸性环境 第 4 部分：由本质安全型"i"保护的设备》（GB 3836.4—2021/IEC 60079-11：2011）

本质安全仪表（简称本安仪表）与本安关联仪表组成本质安全系统。本安仪表是符合本质安全参数的仪表，是一种可装在爆炸危险环境的仪表；本安关联仪表是能够限制本质安全电路的电压、电流和能量的仪表，装在非爆炸危险环境。本质安全电路是在正常工作和规定的故障条件下，产生的电火花和热效应均不能点燃规定的爆炸危险环境的电路。根据本安系统的原理和功能，本安仪表不会形成爆炸危险环境的点燃条件。虽然石油化工仪表通常采用 24V（DC）供电，但本质安全系统的可施加电压是高于 36V 的。由于本质安全系统采用 IEC 标准规定的 ELV 并具有规定的故障防护措施，因此，也不会形成可能造成人身伤害的危险电压。

◁ 参考 3 《低压电气装置　第 4-41 部分：安全防护　电击防护》（GB/T 16895.21—2020）

电击防护包括基本防护措施和故障防护措施。基本防护措施用作正常情况的防护，采用完全覆盖绝缘的方式，或采用遮拦或外护物的防止人员接触的方式都可作为基本防护。故障防护措施有自动切断电源、双重绝缘或加强绝缘、电气分隔、采用 ELV、金属外表面接地、附加防护等方法。根据 GB/T 16895 低压电气装置部分中第 414.4.4 条规定："SELV 回路内的外露可导电部分不得与地、保护导体以及其他回路的外露可导电部分作电气连接"。

《低压配电设计规范》（GB 50054—2011）也有相同的规定。石油化工过程检测及控制仪表本身和供电回路就包括了基本防护措施（绝缘）和故障防护措施（自动切断电源、电气分隔等）。通常，采用"安全电压（低于 36V)"供电的仪表外壳不需要接地，因为"安全电压"属于标准中规定的 ELV，不会造成人身伤害。非安全电压供电的仪表，如果采用了故障防护措施即为安全防护，除接地外的其他故障防护措施是不需要外壳接地的。仅只有基本绝缘的仪表，或需要接地作为故障防护措施时，仪表外壳才需要接地。绝缘是保证安全用电的基本和最重要的防护措施，接地是当绝缘破坏时的故障防护措施之一。

◁ 参考 4 《电击防护装置和设备的通用部分》（GB/T 17045—2020/ IEC 61140：2016）

SELV 的电压限值就是 ELV 的电压限值：该值不大于交流 50V，或不大于直流 120V，外露可导电部分不接地。

由于爆炸危险环境所用的仪表均应为符合防爆规定的防爆型仪表，并具有相应的电气防护功能和绝缘强度，仪表外壳与仪表内部电路、电源装置是电气隔离、绝缘的，供电符合 SELV 规定。由此看来，符合 SELV 电压供电规定的爆炸危险环境的非本安仪表可以不接地。

◁ 参考 5 《石油化工仪表防雷设计规范》（SH/T 3164—2021）

现场仪表的接地应为保护接地，应符合表 9.3.1 的规定，应采用外壳接地端子或通过安装自然接地的方式。

表 9.3.1　现场仪表接地

仪表防爆类型		爆炸危险区域0区、1区	爆炸危险区域2区	非爆炸危险区域	有电涌防护器
本安仪表		不接地	不接地	不接地	应接地
非本安仪表	安全特低压	宜接地	不接地	不接地	应接地
	非安全特低压	应接地	宜接地	宜接地	应接地

小结： 按照防爆需求和安全用电要求，本安仪表外壳不需要接地，隔爆型仪表根据具体情况是否需要接地。

问 131　爆炸环境中 24V 的仪表外壳是否需要接地？

答： 应根据仪表所处的环境以及接地要求的不同，采用不同的接地方式。

爆炸危险环境中，非本质安全系统的现场仪表金属外壳应实施保护接地，本质安全系统的 24V 现场仪表金属外壳可不实施保护接地。

参考 1　《石油化工仪表接地设计规范》（SH/T 3081—2019）

第 4.1.5 条　爆炸危险环境中，非本质安全系统的现场仪表金属外壳、金属保护箱、金属接线箱应实施保护接地，本质安全系统的现场仪表金属外壳、金属保护箱、金属接线箱可不实施保护接地。

参考 2　《石油化工仪表系统防雷设计规范》（SH/T 3164—2021）

9.3　现场仪表的接地

小结： 爆炸危险环境中，本质安全系统的 24V 现场仪表金属外壳可不实施保护接地。非本质安全系统的现场仪表金属外壳是否接地，不同标准要求不同，例如根据 SH/T 3081—2019，24V（DC）的非本安仪表外壳在爆炸性环境中应接地，而根据 SH/T 3164—2021，如果可以确认 24V（DC）的非本安仪表满足安全特低电压的规定，并且没有设置需要接地的电涌防护器，并且不是在 0 区和 1 区，则此仪表的外壳可以不接地。

问 132　UPS 仪表备用电源供电时间为多少？

答： 相关规范如下：

参考 1　《仪表供电设计规范》（HG/T 20509—2014）

7.2.5　直流 UPS 的技术指标，其后备电池的供电时间应符合不小于 30min 的要求。

> ◂ **参考2**　《石油化工仪表供电设计规范》（SH/T 3082—2019）

　　5.2.2　UPS 应符合下列质量指标：g）后备供电时间（即不间断供电时间）：不小于 30min;

小结： UPS 仪表备用电源供电时间应符合不小于 30min 的要求。

问 133　关于 DCS、SIS、GDS 能否共用 UPS？

答： 可以。

> ◂ **参考**　《石油化工仪表供电设计规范》（SH/T 3082—2019）

　　第 4.1.1 条　安全仪表系统（SIS）、分散控制系统（DCS）、可燃气体和有毒气体检测报警系统（GDS）的供电属于一级负荷中特别重要的负荷，应采用不间断电源（UPS）供电。SIS、DCS 和 GDS 系统的供电共用 UPS 符合现行标准要求，符合安全可靠性机理，满足安全生产需求。

　　但需注意项目地的属地要求，例如《本质安全诊断治理基本要求》苏应急（2019）53 号第三章、第（二）条、第 11 节要求。

小结： 目前尚无国家标准规范关于不能共用的规定，但江苏省《本质安全诊断治理基本要求》苏应急（2019）53 号文件明确提出了不能共用的要求，属地企业需按照属地要求执行。

问 134　两重点一重大需要设置 2 套及以上 UPS 互为备用吗？

具体问题： 关于涉及两重点一重大装置，罐区的自动化仪表系统，安全仪表系统等要设置 UPS 电源，那么 UPS 电源除了要求荷载容量满足供电要求，备用电池满足 30 分钟供电以外，还需要设置 2 套及以上 UPS 互为备用吗？依据是什么？

答： 要根据项目实际情况，不宜一概而论，双 UPS 适用大型装置。

　　【参考】《石油化工仪表供电设计规范》（SH/T 3082—2019）

　　条文说明：

　　6.3　双 UPS 双输出回路供电方案适用于联合装置等的控制室或现场机柜室的仪表供电。

　　6.4　双 UPS 多输出回路供电方案适用于全厂性、大型联合装置等的中心控制室、现场控制室或现场机柜室的仪表供电。

　　6.5　多台 UPS 多输出回路供电方案适用于全厂性、大型联合装置等的中心控制室、现场控制室或现场机柜室的仪表供电。

7.1.3，7.1.4　双 UPS 供电方案

仪表及控制系统采用双 UPS 供电，两个供电回路相互独立。仪表及控制系统的冗余电源分别接自两组相互独立的仪表配电柜（配电柜 1、配电柜 2），非冗余电源的冗余用电设备（冗余交换机等）、同一操作分区（或装置）互为冗余的两组操作站等，供电电源分别接自 2 组相互独立的仪表配电柜（配电柜 1、配电柜 2）。

小结： 是否采用双 UPS 电源，建议根据设计文件要求、适用标准规范的要求，同时考虑项目属地监管部门的要求，综合考虑确定。

问 135　对自控阀门气源管线材质有没有什么要求？

答： 参考如下：

◂ **参考 1** 《石油化工仪表供气设计规范》（SH/T 3020—2013）

6.1　供气管路材质的选择

6.1.1　现场供气干管、支管可选用镀锌钢管或不锈钢管。连接管件应与管道材质一致。

6.1.2　气源球阀后及空气过滤器减压阀下游侧配管，宜选用不锈钢管或带 PVC 护套的紫铜管，对有防火要求的场合，仪表供气管路应选用不锈钢。

6.1.3　气源管路上的阀门材质应高于或等同于管路材质。

◂ **参考 2** 《仪表供气设计规范》（HG/T 20510—2014）

8.1　材质选择

8.1.1　供气系统的总管和干管配管，可选用不锈钢管或镀锌钢管。

8.1.2　气源球阀下游侧配管宜选用不锈钢管。

小结： 自控阀门气源管线材质相关要求可参考 SH/T 3020—2013、HG/T 20510—2014 等标准。

问 136　本安型仪表能用普通薄壁钢管布线吗？

答： 电缆保护管（包括本安仪表电缆和非本安仪表电缆）的壁厚没有特别要求，只要满足强度要求、不同连接方式的相应要求即可。仪表电缆采用保护管敷设时，可以参考以下标准规范：

‹ 参考1 《仪表配管配线设计规范》(HG/T 20512—2014)

8.4.1　保护管宜采用镀锌焊接钢管。根据实际情况，也可以采用其他材料的保护管。

‹ 参考2 《石油化工仪表管道线路设计规范》(SH/T 3019—2016)

7.3.1　保护管宜采用镀锌钢管。

‹ 参考3 《石油化工仪表工程施工及质量验收规范》(SH/T 3551—2013)

9.4.1　保护管应选用镀锌钢管，管内宜敷设单根电缆，敷设多根电缆时占空比系数宜大于 0.4。

‹ 参考4 《自动化仪表工程施工及质量验收规范》(GB 50093—2013)

7.4.7　金属电缆导管的连接应符合下列规定：

3）镀锌管及薄壁管应采用螺纹连接或套管紧定螺栓连接，不得采用熔焊连接。

小结： 电缆保护管（包括本安仪表电缆和非本安仪表电缆）可以考虑优先采用镀锌钢管。壁厚没有特别要求，只要满足强度要求、不同连接方式的相应要求即可。

问 137　对保护管安装在仪表的左侧和右侧位置有要求吗？

答： 没有要求。综合考虑仪表进线口位置、周围空间情况、维护的便利性等，根据现场实际情况确定即可。相关标准可以参考：《仪表配管配线设计规范》（HG/T 20512—2014)、《自动化仪表工程施工及质量验收规范》（GB 50093—2013)、《石油化工仪表管道线路设计规范》（SH/T 3019—2016）等。

问 138　测量有毒介质的仪表不得采用螺纹过程接口，有没有介质范围？

答： 相关参考如下：

仪表过程连接常用有法兰连接、承插焊、对焊、卡套、螺纹、对夹、卡箍等，最常见为法兰连接、承插焊、对焊、卡套、螺纹。通常认为螺纹连接可靠程度低，易产生泄漏，对人身安全和环境产生影响。

因此对于有毒介质不得采用螺纹接口。此处提及的有毒介质范围，不同标准有不同范围，建议按 GB/T 20801.3—2020 第 5.2.5.2 条要求执行。

‹ 参考1 《石油化工仪表安装设计规范》(SH/T 3104—2013)

第 4.2.5 条　测量有毒介质的仪表不得采用螺纹过程接口。

◀ 参考2 《压力管道规范 工业管道 第3部分：设计和计算》（GB/T 20801.3—2020）

第 5.2.5.2 条，锥管螺纹（NPT 和 R/RC）应符合以下规定：

a）对于可能发生应力腐蚀、缝隙腐蚀、冲蚀或由于振动、压力脉动及温度变化等可能产生交变荷载的部位，不宜采用螺纹连接；

b）除温度计套管外，急性毒性类别 1 和类别 2 质的管道和剧烈循环工况管道不应采用螺纹连接；

c）采用螺纹接头的管道系统，应考虑减小螺纹接头上的应力，特别是由热膨胀和阀门（尤其是端部阀门）操作产生的应力，以防止螺纹接头松动。

◀ 参考3 《石油化工管道设计器材选用规范》（SH/T 3059—2012）

7.8.2　除镀锌管道外，螺纹连接宜用于公称直径小于或等于 DN40 的管道，并应符合下列规定：

f）发生缝隙应力腐蚀、冲蚀或由于振动、压力脉动及温度变化等可能产生交变荷载的部位，不宜采用螺纹连接；

g）除温度计套管外，SHA 类管道和剧烈循环工况不应采用螺纹连接。

小结： 测量有毒介质的仪表不得采用螺纹过程接口可参考 SH/T 3104—2013、GB/T 20801.3—2020、SH/T 3059—2012 等规范。具体范围界定按照标准规定执行，例如 GB/T 20801.3—2020 5.2.5.2 b）项规定：除温度计套管外，急性毒性类别 1 和类别 2 介质的管道和剧烈循环工况管道不应采用螺纹连接。其中，有毒介质界定为急性毒性类别 1 和类别 2 介质。

问 139　抗爆机柜间使用对讲机一定要设无线信号增强设施吗？

答： 需要。

◀ 参考 《控制室设计规范》（HG/T 20508—2014）

第 3.10.2 抗爆结构的控制室设置无线通信系统时，应设置无线信号增强设施。

抗爆控制室屏蔽效果还是很好的，多数情况信号会衰减很厉害，抗爆结构在电磁学上类似一个法拉第笼，就好像敏感电子部件外包装上的防静电屏蔽袋。增强设施一般指的是信号补偿器，没有技术难度。

小结： 抗爆机柜室使用对讲机需要设无线信号增强设施。

问 140 对工业过程控制分析小屋通风有什么具体要求？

答： 视情况而定。

1. 分析小屋处于非爆炸危险环境

参考1 《自动分析器室设计规范》（HG/T 20516—2014）

第7.2.1条 自动分析器室设置在非爆炸危险场所且室内无可燃气体泄漏的场合，可采用自然通风。

参考2 《自动分析器室设计规范》（HG/T 20516—2014）

第7.1条 应设置通风系统，通风的换气次数不应少于每小时6次。风机吸入口的空气应取自非危险场所新鲜空气，且应是洁净、无危险的。通风口应配备遮雨篷和防虫网。自动分析器室的通风应是洁净空气，任何泄漏的可燃物质经稀释后的浓度应低于爆炸下限（L.E.L）的25%。

参考3 《工业过程控制 分析小屋的安全》（GB 29812—2013）

第6.3.3.1.2条 通风出入口的设置应依据可燃性气体或蒸气的密度，也就是密度比空气轻时设置在顶部，比空气重时设置在底部。

2. 分析小屋处于爆炸危险环境。

参考4 《工业过程控制 分析小屋的安全》（GB 29812—2013）

第5.5.6条 通风空气源最好设在非危险区域，如果不能达到此要求，安装在分析小屋的设备适用于2区或更恶劣区域，可以使用2区的空气。或者在进气口安装一种或多种可燃气体探测器监测，当检测值低于20%LEL时可停止通风。在通风入口处应安装粉尘过滤器。迫使通风设施在室内产生25～50Pa的正压。

小结： 分析小屋的通风问题应按照分析小屋所处位置及分析小屋室内物料泄漏情况进行分析和确定。

问 141 化工企业报警清单需要填哪些内容？

答： 以下表格供参考。

_____装置报警台账

车间：　　　　　　　　　　　　　　　　岗位：

序号	XX单元（系统）	仪表位号	位号名称	单位	报警阈值	报警级别（报警优先值）		
						I级	II级	III级
1					HHH:	√		
2					HH:		√	

续表

序号	XX单元（系统）	仪表位号	位号名称	单位	报警阈值	报警级别（报警优先值）		
						Ⅰ级	Ⅱ级	Ⅲ级
3					H:			√
4					L:	√		
5					LL:		√	
6					LLL:			√

编制人： 审核人： 发布日期：

_____装置异常报警登记表

班组：_____   日期：____年__月__日

序号	仪表位号	报警名称	报警显示值	报警设定值	报警级别	报警时间	报警解除时间	报警原因分析	报警后的调整	记录人
1										
2										
3										
4										
5										
6										

当班班长确认： 工艺、设备工程师审查： 部门负责人审核：

问 142 报警值和联锁值设定过高的问题如何解决？

具体问题： 一级重大危险源球罐设计压力 0.64MPa，DCS 压力高高报设置 0.55MPa，高高报值设置过高。请教下什么是过高，多少不过高？

答： 通常不建议在检查提类似建议，因为设计是一个系统工程，多专业共同完成，并且不同装置具有不同特点。

$$0.55/0.64×100\%=85.9\%$$

通常属于合理范围。

如果经评估需要上 SIS，具有 SIL 级别的联锁，应设置在 SIS。

具体工程考虑因素较多，包括工艺过程、流程特点、具体工况和场景、所选择仪表情况，包括精度、灵敏度；工艺过程安全时间、独立保护层的设置情况、工程余量。

◄ **参考1** 《液化烃球形储罐安全设计规范》(SH 3136—2003)

4.1.1　乙烯、丙烷组分的球形储罐设计参数的确定。

a）乙烯、丙烷组分的球形储罐，其设计温度不得高于受压元件金属可能达到的最低温度，详见表1。

表1　C_2 组分液化烃球形储罐的设计参数

充装介质	设计参数						
	最低设计温度/℃	设计压力/MPa（表）	充装系数	腐蚀裕量/mm	焊接接头系数	液压试验压力/MPa（表）	气密性试验压力/MPa（表）
液化乙烯	低于最低工作温度	1.1倍的工作压力	≤0.9	1	1.0	1.25倍的设计压力	等于设计压力
液化乙烷	低于最低工作温度	1.1倍的工作压力				1.25倍的设计压力	等于设计压力

注：通常根据最低设计温度确定C_2组分液化烃球形储罐的设备材料；根据储存条件下，可能达到的最高温度对应的饱和蒸气压所确定的工作压力乘以1.1作为球形储罐的设计压力，除非另有规定。

4.1.2　C_3、C_4 组分的液化烃或液化石油气球形储罐设计参数的确定。

a）C_3、C_4 组分的液化烃或液化石油气球形储罐的设计压力应按不低于50℃时的实际饱和蒸气压来确定，并应在图样上注明限定的组分和对应的压力。若无实际组分数据或不做组分分析，其设计压力则应不低于表2规定的压力。

表2　C_3、C_4 组分的液化烃球形储罐的设计参数

C_3、C_4组分的液化烃或液化石油气50℃的饱和蒸气压力/MPa（绝）	设计压力/MPa（表）	充装系数	腐蚀裕量/mm	焊接接头系数	液压试验压力/MPa（表）	气密性试验压力/MPa（表）
≤异丁烷50℃饱和蒸气压力	等于50℃异丁烷的饱和蒸气压力	≤0.9	1	1.0	1.25倍的设计压力	等于设计压力
>异丁烷50℃饱和蒸气压力≤丙烷50℃饱和蒸气压力	等于50℃丙烷的饱和蒸气压力					
>丙烷50℃饱和蒸气压力	等于50℃丙烯的饱和蒸气压力					

注：球形储罐的设计压力与储存的介质有关，若按混合物设计时，应充分考虑储存介质组分的变化。

参考2　《石油化工自动化仪表选型设计规范》（SH/T 3005—2016）

6.1　压力测量单位和量程

6.1.1　压力仪表应采用法定计量单位：帕（Pa）、千帕（kPa）和兆帕

（MPa）。

6.1.2 压力仪表应配有超量程保护装置，用于真空测量的压力仪表应配有低量程保护。

6.1.3 测量稳定压力时，正常操作压力应为量程的 1/3～2/3。

6.1.4 测量脉冲压力时，正常操作压力应为量程的 1/3～1/2。

6.1.5 使用压力变送器测量压力时，操作压力宜为仪表校准量程的60%～80%。

小结： 报警值和联锁值设定应根据工艺、安全、自控等多专业共同完成。

问 143 仪表操作人员需要取得什么证书？

具体问题： 如果企业里没有涉及化工仪表自动化维护保养等工作，操作人员到底需要取得什么证书？这个特种作业证书是否可以委外，让有资质水平人员来完成。

答： 相关要求如下：

参考特种作业操作证的要求可参考国家安全生产监督管理总局令 第30号《特种作业人员安全技术培训考核管理规定》。

可以外委，要求满足特种作业要求。

《特种作业人员安全技术培训考核管理规定》摘录：

第三条 本规定所称特种作业，是指容易发生事故，对操作者本人、他人的安全健康及设备、设施的安全可能造成重大危害的作业。特种作业的范围由特种作业目录规定。

本规定所称特种作业人员，是指直接从事特种作业的从业人员。

第五条 特种作业人员必须经专门的安全技术培训并考核合格，取得《中华人民共和国特种作业操作证》（以下简称特种作业操作证）后，方可上岗作业。附件：特种作业目录

9 危险化学品安全作业

指从事危险化工工艺过程操作及化工自动化控制仪表安装、维修、维护的作业。

9.16 化工自动化控制仪表作业指化工自动化控制仪表系统安装、维修、维护的作业。

补充说明，化工自动化控制仪表系统安装、维修、维护的作业。不包括 DCS 操控使用的内操人员，内操人员需取得相关的特殊工艺操作证。

化工自动化控制仪表作业指的是安装、维护和调试作业，不包含使用和操控。

问 144 仪表工是否需要取得低压电工证？

具体问题： 根据现行"现场部分电仪设备（PLC、变频器）维护管理职责划分"，所有现场安装的 PLC 及配套控制系统由仪表专业负责，控制柜（箱）内总电源进线及柜内电动机主回路由电气负责，仪表专业许多 PLC 控制回路检维修作业涉及 220V、380V 电压，实际情况仪表工只有化工自动化控制仪表作业证，无低压电工特种作业证，仪表工操作是否需要取得低压电工证，持证上岗？

答： 仪表工不需要取得电工证。

仪表工一般从事化工自动化控制仪表系统安全、维修、维护的作业，需要取得化工自动化控制仪表作业，但低压电气的操作，必须取得低压电工证。

  ‹ **参考1** 《特种作业人员安全技术培训考核管理规定》

第 9.16 条 化工自动化控制仪表作业 指化工自动化控制仪表系统安装、维修、维护的作业。

  ‹ **参考2** 《国家安全监管总局关于印发特种作业安全技术实际操作考试标准及考试点设备配备标准（试行）的通知》（安监总宣教〔2014〕139 号）

附件《化工自动化控制仪表作业安全技术实际操作考试标准》，本考试标准包含了低压电气相关考核知识与实际操作项目，故仪表工操作在取得化工自动化控制仪表作业证并专门从事化工自动化控制仪表作业，不需要另外取得低压电工证。

小结： 仪表工不需要取得电工证。

问 145 罐区开关阀的关断时间如何规定的？

答： 相关参考如下：

◀ **参考1** 《石油化工罐区自动化系统设计规范》（SH/T 3184—2017）

5.4.2.8　应合理规定气动开关阀的额定全行程时间，既要考虑储运工艺的需要，又不应因行程时间太短、阀门动作太快引起管道"水击"或震动，造成开关阀、管道损坏或缩短寿命，额定全行程时间不宜短于 10s× 阀门通径 mm/100mm。

5.4.3.7　应合理规定电动阀的额定全行程时间，应综合考虑储运工艺的需要和执行机构电机的速度特性，额定全行程时间不宜短于 20s× 阀门通径 mm/100mm。

◀ **参考2** 《石油库设计规范》（GB 50074—2014）

9.1.12　工艺管道上的阀门，应选用钢制阀门。选用的电动阀门或气动阀门应具有手动操作功能。公称直径小于或等于 600mm 的阀门，手动关闭阀门的时间不宜超过 15min；公称直径大于 600mm 的阀门，手动关闭阀门的时间不宜超过 20min。

◀ **参考3** 《液化烃球罐紧急切断阀选型设计规定》（中国石化〔2011〕建 518 号）

4.5.5　紧急切断阀的全行程关断时间不应超过 1s/ 英寸阀门通径（如：DN = 6″ 的阀门，关断时间 ≤ 6s）。

小结： 罐区开关阀的关断时间可根据不同场景参考相应规范。

问 146 构成一级、二级重大危险源罐区控制仪表设置有什么要求？

答：《危险化学品重大危险源监督管理暂行规定》（国家安全监管总局令第 40 号）要求，"一级或者二级重大危险源，装备紧急停车系统"：构成一级、二级重大危险源的危险化学品罐区，因事故后果严重，各储罐均应设置紧急停车系统，实现紧急切断功能。对与上游生产装置直接相连的储罐，如果设置紧急切断可能导致生产装置超压等异常情况时，可以通过设置紧急切换的方式避免储罐造成超液位、超压等后果，实现紧急切断功能。

《危险化学品重大危险源监督管理暂行规定》第十三条（三）"涉及毒

性气体、液化气体、剧毒液体的一级或者二级重大危险源，配备独立的安全仪表系统"理解为必须上 SIS 系统。

> ‹ **参考 1** 《危险化学品重大危险源监督管理暂行规定》（安全监管总局令第 40 号）第十三条（一）、（三）。

> ‹ **参考 2** 《化工和危险化学品生产经营单位重大生产安全事故隐患判定标准（试行）》（安监总管三〔2017〕121 号）第五条。

> ‹ **参考 3** 《危险化学品企业安全风险隐患排查治理导则》（应急〔2019〕78 号）附件：安全风险隐患排查表 4 装置运行安全风险隐患排查表（九）重大危险源的安全控制第 3 条和第 5 条。

> ‹ **参考 4** 《危险化学品重大危险源 罐区现场安全监控装备设置规范》（AQ 3036—2010）10.1.2。

> ‹ **参考 5** 《化工过程安全管理导则》（AQT 3034—2022）4.12.5b）条和 c）条；

小结： 涉及有毒气体、液化气体、剧毒液体的一级或二级危险化学品重大危险源的生产单元、储存单元（仓库除外）应配备 SIS。以上情况之外的危险化学品重大危险源的生产单元、储存单元（仓库除外）应根据 SIL 评估结果确定是否配备 SIS，当 SIL 定级报告确定该生产单元、储存单元（仓库除外）具有 SIL1 及以上的 SIF 时，应配备符合 SIL 要求的 SIS。

问 **147** 切断阀还需要写上联锁值吗？联锁标识牌一定要有吗？

答： 需要设置联锁标志警示牌，没有标注联锁值的要求。

〈 **参考** 《国家安全监管总局关于印发危险化学品企业事故隐患排查治理实施导则的通知》（安监总管三〔2012〕103号）

附表6：SIS的现场检测元件，执行元件应有联锁标志警示牌，防止误操作引起停车。

问 **148** 浓硝酸储罐区构成二级重大危险源，所有储罐出口必须装紧急切断阀吗？

答： 应符合设计文件要求，还应符合监管文件要求。

构成一、二级重大危险源的危险化学品罐区应实现紧急切断功能，并处于投用状态。储罐进出口必须装紧急切断阀，管道发生泄漏等异常情况时，在源头紧急切断危险介质，避免事态扩大或导致次生事故发生。

〈 **参考1** 《危险化学品重大危险源监督管理暂行规定》（安监总局令第40号，总局令第79号修订）

第十三条规定"一级或者二级重大危险源，具备紧急停车功能"，"对重大危险源中的毒性气体、剧毒液体和易燃气体等重点设施，设置紧急切断装置"。

〈 **参考2** 《关于进一步加强危急化学品建设项目安全设计管理》（安监总管三〔2013〕76号）

第（二十二）项"有毒物料储罐、低温储罐及压力球罐进出物料管道应设置自动或手动遥控的紧急切断设施"。

〈 **参考3** 《国家安全监管总局关于印发遏制危险化学品烟花爆竹重特大事故工作意见的通知》（安监总管三〔2016〕62号）

四、严格风险管控和隐患排查治理

3.扎实推进危险化学品专项整治，全面推行重点防控措施：

（4）"自2017年1月1日起，凡是构成一级、二级重大危险源，未设置紧急停车（紧急切断）功能的危险化学品罐区，一律停止使用"。

小结： 浓硝酸储罐区构成二级重大危险源，所有储罐出口必须装紧急切断阀。

问 **149** 储罐罐根阀（紧急切断阀）在收付料结束之后，阀门保持什么状态？

答： 紧急切断阀必须保持常开，无论进口还是出口，储罐罐根阀（紧急切断阀）也不允许使用 FO（气开阀）。

问 150 联锁摘除不得大于 30 天的出处是哪?

答: 原国家安全监管总局关于印发《化工（危险化学品）企业安全检查重点指导目录》的通知（安监总管三〔2015〕113 号）22 条"安全联锁未正常投用或未经审批摘除以及经审批后临时摘除超过一个月未恢复的。"

问 151 如何确定联锁表决形式?

具体问题: 有这么一段 SIF 功能描述: 炉膛压力 PT01/PT02/PT03 三取二高高报警，联锁关闭 XZV101/XZV102/XZV103，打开 XZV104（四个阀门是在四种不同的物料管线）; 想请教下在验算的时候，这个输出的执行组件在表决的时候，是分成四组，每组 1oo1，还是划分成一组，每组 4oo4 呢，到底是应该是那种结构形式?

答: 根据工艺要求确定。

举几个例子:

1. 如果 4 个阀门，任何一个执行了动作，都可以独立地将风险控制住，那么可以按照 4 取 1 表决形式参与演算。

2. 如果 4 个阀门，需要这 4 个阀门全部都要执行了动作，才能将风险控制住，任何一个阀门没有执行动作，依然会处在风险状态之中，那么可以按照 4 取 4 的表决形式参与演算。

3. 如果 4 个阀门，其中 2 个阀门，称为 A 阀门、B 阀门，任何一个执行了动作，都可以独立地将风险控制住。A 阀门和 B 阀门，可以按照 2 取 1 的表决形式参与 SIL 演算。其中两个阀门，称为 C 阀门、D 阀门，这两个阀门不是控制风险的必要动作，仅是为了下一步开车方便而执行的动作，或者其他目的而执行的动作，这样，C 阀门和 D 阀门为非安全关键阀门，不需要参与演算。

4. 如果 4 个阀门，其中 2 个阀门，称为 A 阀门、B 阀门，如果 A 阀门和 B 阀门全部都要执行了动作，才能将风险控制住，任何一个阀门没有执行动作，依然会处在风险状态之中，那么可以按照 2 取 2 的表决形式参与演算。

其中两个阀门，称为 C 阀门、D 阀门，这两个阀门不是控制风险的必要动作，仅是为了下一步开车方便而执行的动作，或者其他目的而执行的动作，这样，C 阀门和 D 阀门为非安全关键阀门，不需要参与演算。

其他各种可能性

……

SRS 安全要求规格书中应明确说明表决形式、安全关键……

小结： 联锁表决形式根据工艺要求确定。

问 152　联锁设备是否需要每年都进行检测测试？

具体问题： 只要是参与到联锁的设备，不管是 DCS 还是什么系统上的都需要在每年内进行一次测试记录吗？这个测试周期哪里可以参考？

答： SIF 相关元件有确定的 Ti 间隔要求，而 Ti 间隔可能不是一年。

DCS 相关元件没有上述要求，但是应满足 DCS 和仪表相关标准，比如 SH/T 3092—2013、SH/T 3005—2016，以及相关产品标准等。

关于 Ti 的补充说明，

a）SIS 或安全子系统的 Ti 的确定宜综合考虑 SIL 验证的符合性和企业检维修与停车的整体规划。

b）SIS 或安全子系统的 Ti 宜与企业计划停车检修时间间隔相同。

c）为满足 SIL 验证的符合性，SIS 或安全子系统的 Ti 与企业计划停车检修时间间隔相同具有困难时，可采用不同的时间间隔。同一 SIF 的测量仪表、最终执行机构和逻辑控制器可采用不同的 Ti。

d）企业计划停车检修时间间隔大于 Ti 时，应具备满足要求的在线测试设施，并应制定详细的在线测试程序，应有安全补偿措施，分析并保证在线测试的安全性。

e）SIL 验证应按照实际的 Ti 进行验证。

需注意一些标准的具体要求，例如：

‹ **参考**　《化工企业液化烃储罐区安全管理规范》（AQ 3059—2023）

10.4　检验检测

10.4.5　罐区紧急切断阀应每季度测试 1 次，特殊情况可适当延长，但不应超过半年。

小结： SIF 相关元件有确定的 Ti 间隔要求，而 Ti 间隔可能不是一年。DCS 相关元件没有上述要求，但是应满足 DCS 和仪表相关标准，比如 SH/T 3092—2013、SH/T 3005—2016，以及相关产品标准等。

问 153　如何理解"硬件故障裕度 HFT"不同于冗余？

答： 以下供参考：

冗余是一种配置，是一种结果。具体是由需求决定的，可能是安全需求，也可能是可用性需求，也可能是安全性需求和可用性需求共同决定，还有可能是其他需求，比如监管要求、企业要求、专利商要求、设计院要求，当然这些需求是基于同样的方法论和认识论，比如如果监管部门有要求也是基于安全或者可用……

很多方面可能需要冗余配置。

比如，HFT≥1，需要冗余配置；

SC 不满足需要的完整性等级要求时，可以通过冗余提升 SC 水平；

PFD 验算通不过时，可以通过冗余降低失效率，从而满足 PFD 失效率的要求；

监管部门可能直接要求冗余配置；

企业可以为了提高装置的可用性，可提出可用性冗余配置的要求；

冗余分为安全性冗余和可用性冗余；

还有其他分类方式。

HFT 为安全性冗余。

小结： 安全性冗余是底线要求，可用性冗余在一定程度上企业具有一定的自主权。

问 154　化工企业管沟的填砂是什么原理？在什么情况下需要填砂？

答： 化工企业管沟的填砂防止可燃气体积聚或含有可燃液体的污水进入沟内的措施。相关参考如下：

◀ 参考 1 《石油化工企业设计防火标准》(GB 50160—2008，2018 年版)

第 7.4.1 条　厂际管道不宜采用管墩或管沟敷设。当采用管沟敷设时，管沟内应充砂填实。

条文说明：管沟是火灾隐患，易渗水、积油，不好清扫，不便检修，一旦沟内充有油气，遇明火则爆炸起火，沟蔓延，且不好扑救。由于厂际管道在厂外敷设，若采用管墩敷设容易使管道受到损坏，且不利于人员及车辆穿行。

第 9.1.4 条 装置内的电缆沟应有防止可燃气体积聚或含有可燃液体的污水进入沟内的措施。电缆沟通入变电所、控制室的墙洞应填实、密封。

条文说明：某石油化工企业石油气车间压缩厂房内的电缆沟未填砂，裂解气通过电缆沟窜进配电室遇电火花而引起配电室爆炸。事故后在电缆沟内填满了砂，并且将电缆沟通向配电室的孔洞密封住，这类事故没有再发生过。某氮肥厂合成车间发生爆炸事故时，与厂房相邻的地区总变电所墙被炸倒，因通向变电所的电缆沟未填砂，爆炸发生时，气浪由地沟窜进变压器室，将地沟盖板炸翻，站在盖板上的 3 人受伤。某化工厂氨氢压缩机厂房外有盖的电缆沟，沟最低点排水管接到污水下水井内，因压缩机段间分油罐的油水也排入污水井内，氢气窜进电缆沟内由电火花引起电缆沟爆炸。所以要求有防止可燃气体沉积和污水流渗沟内的措施。一般做法是：电缆沟填满砂，沟盖用水泥抹死，管沟设有高出地坪的防水台以及加水封设施，防止污水井可燃气体窜进电缆沟内等。在电缆沟进入变配电所前设沉砂井，井内黄砂下沉后再补充新砂，效果较好。

◁ 参考2 《爆炸危险环境电力装置设计规范》(GB 50058—2014)

第 5.4.3 爆炸性环境电气线路的安装应符合下列规定。

1 电气线路宜在爆炸危险性较小的环境或远离释放源的地方敷设，并应符合下列规定：

1）当可燃物质比空气重时，电气线路宜在较高处敷设或直接埋地；架空敷设时宜采用电缆桥架；电缆沟敷设时沟内应充砂，并宜设置排水措施。

小结： 化工企业管沟的填砂防止可燃气体积聚或含有可燃液体的污水进入沟内的措施，可参考 GB 50160、GB 50058 等。

问 155 CCC 认证的目录范围是什么？

具体问题： 关于 CCC 认证请帮指导一下。在 TC28—2021-01 这个技术决议中提到的很多仪表产品不属于 CCC 认证范围，这个温度仪表是不是包含变送器和所有的测温元件呢？

明确以下产品不属于 CCC 认证目录范围：

（1）温度仪表；

（2）压力传感器；

（3）二维码扫描器、防爆智能扫描终端等；

（4）气体传感器；

（5）变送器类；

（6）防爆呼吸阀 / 排水阀；

（7）用于执法的便携式音视频记录仪；

（8）观察视窗；

（9）可燃气体探测器；

（10）物位计、液位计、流量计。

答： 参考（5）变送器类包括温度变送器，并且（1）写明了温度仪表，那么，热电偶、热电阻等温度仪表不属于 CCC 认证目录范围，一体化温度元件（包括温度变送器）也不属于 CCC 认证目录范围。

问 156 屏蔽电缆和铠装电缆具体的区别是什么？

具体问题：《石油化工企业设计防火标准》（GB 50160—2008，2018 年版）

第 9.2.4 条 可燃液体储罐的温度、液位等测量装置应采用铠装电缆或钢管配线，电缆外皮或配线钢管与罐体应做电气连接。是否要求电缆全程都要穿保护钢管？比如接头位置和拐弯位置，是否也一定要在钢管内？

答： ①铠装电缆：不需要穿钢管敷设；②非铠装屏蔽电缆：金属电缆桥架外的屏蔽电缆，需要全程穿钢管，包括接头位置、拐弯位置，均不能间断。

以常用的仪表信号电缆为例（见下图），说明铠装与屏蔽的结构及作用，实际应用中电缆的分类和结构繁多。

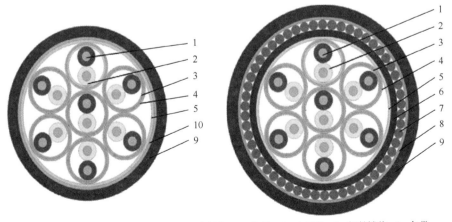

1—导体；2—氟塑料绝缘；3—包带；4—分屏蔽；5—包带；6—内护套；7—钢丝铠装；8—包带；
9—硅橡胶护套；10—总屏蔽

铠装层：由金属带或金属丝组成的包覆层，通常用来保护电缆不受外界的机械力作用。最常见的应用场景就是直埋，地面上不穿钢管敷设。

屏蔽层：能够将电场控制在绝缘内部的一层或组合在一起的多层导电层。分为总屏蔽和分屏蔽。总屏蔽：包覆在电缆所有绝缘线芯之外的电气屏蔽。分屏蔽：对于多对对绞电缆，包覆在每个线对上的电气屏蔽。最常见的应用场景就是弱电信号，通过总屏蔽和分屏蔽，既可有效屏蔽外界电磁干扰，又可有效屏蔽多对电缆之间的电磁干扰。

是否要求电缆全程都要穿保护钢管？比如接头位置和拐弯位置，是否也一定要在钢管内？这两个问题需要看具体场景。

◀ 参考1 《石油化工企业设计防火标准》（GB 50160—2008，2018年版）

第9.2.4条的上一级标题是9.2防雷，即第9.2.4条是针对防雷的要求，当采用铠装电缆时，铠装层通过接地连接，可以减小雷击影响。当采用非铠装电缆时应全程钢管保护，钢管通过接地连接，也可以减小雷击影响。非GB 50160—2008（2018年版）第9.2.4条场景，不需要执行GB 50160—2008第9.2.4条规定，应符合场景对应的适用标准的规定。

◀ 参考2 《石油化工仪表系统防雷工程设计规范》（SH/T 3164—2012）

第11条"电缆的敷设和屏蔽"

11.1 电缆的敷设

11.1.1 穿管敷设

11.1.1.1 现场仪表的配线应穿钢管或电缆槽敷设，不应采用绝缘材料管。钢管与仪表间、钢管之间、钢管与电缆槽之间应有良好的电气连接。

11.1.1.2 铠装电缆可以不穿钢管敷设。

11.1.3 电缆敷设路径

11.1.3.1 电缆与防雷引下线交叉敷设的间距应大于2m；平行敷设的间距应大于3m。当无法满足敷设间距时，应对电缆进行穿钢管屏蔽，屏蔽钢管应在两端接地。

11.2 电缆的屏蔽

11.2.1 电缆屏蔽方式

11.2.1.1 室外敷设的电缆（包括信号电缆、通信电缆和电源电缆），应采用屏蔽电缆全程穿钢管或封闭金属电缆槽的方式敷设。

11.2.1.2 当采用金属铠装屏蔽电缆或采用互相绝缘的双层屏蔽电缆时，可以不采用穿钢管或封闭金属电缆槽的方式敷设。

11.2.2　电缆外屏蔽层

11.2.2.1　外屏蔽层可利用电缆敷设的金属槽、保护钢管等防护层

11.2.2.3　金属电缆槽和保护钢管应全程封闭

据此《石油化工企业设计防火标准》（GB 50160—2008，2018 年版）第 9.2.4 条可燃液体储罐的温度、液位等测量装置应采用铠装电缆或钢管配线，电缆外皮或配线钢管与罐体应做电气连接。是要求电缆全程都要穿管保护钢管，接头位置和拐弯位置应在钢管内。另本规范对于电缆路径中通过金属接线箱续接或分支的屏蔽和接地有说明，也可以参考。

小结：有防雷要求时，可燃液体储罐的温度、液位等测量装置应采用铠装电缆或钢管配线，电缆外皮或配线钢管与罐体应做电气连接。

HSE

HEALTH SAFETY
ENVIRONMENT

第六章

集散控制系统（DCS）

优化 DCS 系统运行，实现数据集中采集与处理，精准调控生产流程，全面提升生产自动化水平。

——华安

问 157 PID 整定应该由谁来负责实施？

具体问题： 请问 PID 整定应该由谁来负责实施？现场操作人员可有权限整定？什么时候整定？都整定那些内容，如何整定？

现场操作人员不会 PID 参数整定。按照《全国安全生产专项整治三年行动计划》（安委〔2020〕3 号）第二、2 条的要求，进一步提升危险化学品企业自动化控制水平：把 PID 参数整定当作操作工一项基本技能，培训操作工学习 PID 参数整定，并在实际应用中逐步提高自控率。

答： 根据《全国安全生产专项整治三年行动计划》第三部分 危险化学品安全整治 第（二）章 提高危险化学品企业本质安全水平。

第 2 节：2.进一步提升危险化学品企业自动化控制水平。继续推进"两重点一重大"生产装置、储存设施可燃气体和有毒气体泄漏检测报警装置、紧急切断装置、自动化控制系统的建设完善，2020 年底前涉及"两重点一重大"的生产装置、储存设施的上述系统装备和使用率必须达到 100%，未实现或未投用的，一律停产整改。推动涉及重点监管危险化工工艺的生产装置实现全流程自动化控制，2022 年底前所有涉及硝化、氯化、氟化、重氮化、过氧化工艺装置的上下游配套装置必须实现自动化控制，最大限度减少作业场所人数。涉及爆炸危险性化学品的生产装置控制室、交接班室不得布置在装置区内，已建成投用的必须于 2020 年底前完成整改；涉及甲乙类火灾危险性的生产装置控制室、交接班室原则上不得布置在装置区内，确需布置的，应按照《石油化工控制室抗爆设计规范》（GB 50779—2012），在 2020 年底前完成抗爆设计、建设和加固。具有甲乙类火灾危险性、粉尘爆炸危险性、中毒危险性的厂房（含装置或车间）和仓库内的办公室、休息室、外操室、巡检室，2020 年 8 月前必须予以拆除。

小结： 企业可以结合自身实际情况，制定 PID 整定操作的具体操作规程，形成企业内部的 PID 管理规范，对 PID 整定内容、时间、人员等等做出具体规定。

问 158 关于 DCS 系统、视频监控系统的时间与实际时间的误差，标准规范有要求吗？

答： 有。

> **参考1** 《石油化工分散控制系统设计规范》（SH/T 3092—2013）

5.3.7.1　DCS 应具备使网络中各个节点的时钟同步的功能。

5.3.7.2　宜由 DCS 向第三方应用计算机或网络发布时钟同步信号。

5.3.7.3　节点数量大于 50 的网络宜设置时钟同步器。

5.3.7.4　时钟同步器的授时精度不应低于 1ms，守时精度不应低于 2μs/min。

◀ 参考2　《危险化学品重大危险源安全监控通用技术规范》（AQ 3035—2010）

第 4.7.16 条，系统应有时间校准功能，系统的时钟误差应≤ 5 秒 /24 小时。第 4.7.16.4 条，存在多个子系统及远程设备时，宜使用全球时钟同步设备统一时钟。

小结： DCS 系统、视频监控系统的时间与实际时间的误差可参考 SH/T 3092、AQ 3035。

问 159　DCS 控制室地面敷设防静电地板有依据吗？

答： 有。DCS 控制系统的操作室、工程师室地面宜采用不易起灰尘的防滑建筑材料，也可采用防静电活动地板；DCS 控制系统的机柜室应采用防静电活动地板。

◀ 参考1　《石油化工控制室设计规范》（SH/T 3006—2012）

第 4.4.5 条　操作室、工程师室地面宜采用不易起灰尘的防滑建筑材料，也可采用防静电活动地板；机柜室应采用防静电活动地板。

◀ 参考2　《控制室设计规定》（HG/T 20508—2014）

第 3.4.7 条　操作室、工程师室地面宜采用不易起灰尘的防静电、防滑建筑材料，也可采用活动地板；机柜室宜采用活动地板。活动地板应符合下列规定：2）活动地板应具有防静电、防火、防水性能。

◀ 参考3　《油气田及管道工程仪表控制系统设计规范》（GB/T 50892—2013）

第 8.3.4 条　大型集中控制室的地面应采用防静电活动地板，防静电活动地板距地面高度宜为 0.3m，平均负荷不应小于 5000N/m²。中、小型控制室的地面宜采用地面砖地面。

◀ 参考4　《石油化工仪表接地设计规范》（SH/T 3081—2019）

第 4.5.3 条　安装分散控制系统等各种控制设备的控制室或机柜室的导静电地面、防静电活动地板、金属工作台等应进行等电位连接并接地。

参考5 《危险化学品企业事故隐患排查治理实施导则》（应急〔2019〕78号）附件6 仪表安全风险隐患排查表

（三）仪表系统设置

第3条 安装 DCS、PLC、SIS 等设备的控制室、机柜室、过程控制计算机的机房，应考虑防静电接地。其室内的导静电地面、活动地板、工作台等应进行防静电接地。

小结： DCS 控制室地面敷设防静电地板可参考 SH/T 3006、HG/T 20、508、GB/T 50892、SH/T 3081、应急〔2019〕78号等。

问 160 DCS 系统中设置高报警值低于联锁值是否合理？

答： DCS 系统中设置高报警值低于联锁值是不合理的。

高报警值用于报警，高高报警值可用于联锁。一般情况下，如果配置 SIS 系统的工艺，在 DCS 中设置两级报警，高报、高高报，在 SIS 系统中设置联锁，联锁值＞高高报＞高报，在 DCS 中设置两级报警，用于提醒操作人员及时控制参数，以防越线。如果没有配置 SIS 系统，可在 DCS 中设置两级，高报和高高报，高高报可等于联锁值，也可以另设联锁值，联锁值＞高高报警值。依据工艺的危险程度和风险的可接受值，决定设置几级报警及联锁配置。

参考 应急管理部办公厅《关于印发2023年危险化学品安全监管工作要点和危险化学品企业装置设备带"病"运行安全专项整治等9个工作方案的通知》（应急厅〔2023〕5号）附件5 深化化工产业转移安全专项整治工作方案的附件3 精细化工企业"四个清零"典型问题清单 二、自动化控制系统改造（四）DCS、SIS 系统联锁逻辑关系设置错误 9.DCS 系统中高报警值低于联锁值。

小结： DCS 系统中设置高报警值低于联锁值是不合理的。

问 161 DCS 与 SIS 能共用一个阀门吗？

答： 视情况而定。

参考1 《危险化学品重大危险源监督管理暂行规定》（安全监管总局令第40号）

第十三条 涉及毒性气体、液化气体、剧毒液体的一级或者二级重大危险源，配备独立的安全仪表系统（SIS）。

◁ **参考 2** 《石油化工安全仪表系统设计规范》（GB/T 50770—2013）

7.2　控制阀的独立设置

7.2.1　SIL 1 级安全仪表功能，控制阀可与基本过程控制系统共用，应确保安全仪表系统的动作优先。

7.2.2　SIL 2 级安全仪表功能，控制阀宜与基本过程控制系统分开。

7.2.3　SIL 3 级安全仪表功能，控制阀应与基本过程控制系统分开。

BPCS 和 SIS 共用元件应满足以下要求：

1. 合规性检查。

2. 应考虑对 SIL 定级的影响。

3. 应满足 PFD（PFH）、HFT、SC 的要求。

4. 应符合安全全生命周期的所有要求，必须有完善的确认、验证和记录。

5. BPCS 和 SIS 共用元件可能会引起操作模式的改变，由低要求模式变为连续模式，相关元件的维护规程和策略均应相应改变。安全完整性的要求也可能改变，比如从 SIL1 变成 SIL2。

6. BPCS 和 SIS 共用元件会改变操作和维护模式，必须充分考虑 BPCS 操作维护等对 SIS 的影响。

小结： 涉及"两重点一重大"工艺装置的安全仪表系统设置主要依据 40 号令等文件。

问 **162** DCS 需要点检是哪个规范要求的？

答： 没有规范明确要求。但是，点检和联调是保证 DCS 有效性生命周期的重要手段。

◁ **参考 1** 《关于印发〈危险化学品生产使用企业老旧装置安全风险评估指南（试行）〉的通知》（2022 年 2 月 23 日，应急管理部危化监一司）

里面明确说明了：基本过程控制系统控制器、输入 / 输出卡件、系统配件等的检修周期，原则上随装置停工大修同步进行，且应不超过 6 年，应保存控制系统逻辑控制器、安全卡件及其他附件的点检记录。

◁ **参考 2** 《石油化工仪表工程施工质量验收规范》（SH/T 3551—2013）

7.3　分散控制系统（DCS）

7.3.3　DCS 单回路 / 串级 / 复杂回路试验，检查输入点、输出点、控制点、运算点、细目显示、组显示、流程图、报警、汇总。检验方法：检查

回路试验报告 / 调试记录。

小结： 点检和联调是保证 DCS 有效性生命周期的重要手段。

问 163 乙醇经营企业的储罐未构成重大危险源，需要设控制室或者自动化控制系统吗？

答： 需要。

乙醇经营企业的储罐未构成重大危险源，乙醇不是重点监管危险化学品，不属于"两重点一重大"。但乙醇属于易燃品，储罐也需要设置自动化控制系统和控制室。需配备液位计、温度计、可燃气体探测器等，对储罐内物料的液位和泄漏进行自动监测，并设置报警和联锁。相关标准要求如下：

◀ 参考1 《国家安全监管总局关于进一步加强化学品罐区安全管理的通知》（安监总管三〔2014〕68 号）

二、进一步加强化学品罐区安全管理工作

（一）进一步完善化学品罐区监测监控设施。根据规范要求设置储罐高低液位报警，采用超高液位自动联锁关闭储罐进料阀门和超低液位自动联锁停止物料输送措施。确保易燃易爆、有毒有害气体泄漏报警系统完好可用。大型、液化气体及剧毒化学品等重点储罐要设置紧急切断阀。

◀ 参考2 《国家安全监管总局关于加强化工企业泄漏管理的指导意见》（安监总管三〔2014〕94 号）

（八）完善自动化控制系统。危险化学品储存装置要采取相应的安全技术措施，如高、低液位报警和高高、低低液位联锁以及紧急切断装置等。

小结： 乙醇经营企业的储罐虽未构成重大危险源，但属于易燃品，需要设控制室和自动化控制系统。

第七章

安全仪表系统（SIS）

强化 SIS 系统维护，打造高可靠性 SIF 回路，
关键时刻精准动作，为生产安全提供最后屏障。

——华安

问 164 涉及"两重点一重大"必须设置安全仪表系统的要求出自哪?

答: 主要参考几个文件。

参考1 《危险化学品重大危险源监督管理暂行规定》(安全监管总局令第40号)

第十三条 (二)重大危险源的化工生产装置装备满足安全生产要求的自动化控制系统;一级或者二级重大危险源,装备紧急停车系统;(三)对重大危险源中的毒性气体、剧毒液体和易燃气体等重点设施,设置紧急切断装置;毒性气体的设施,设置泄漏物紧急处置装置。涉及毒性气体、液化气体、剧毒液体的一级或者二级重大危险源,配备独立的安全仪表系统(SIS)。

参考2 《加强化工安全仪表系统管理的指导意见》(安监总管三〔2014〕116号)

第十四条、十五条的要求,涉及"两重点一重大"在役生产装置或设施的化工企业和危险化学品储存单位,要在全面开展过程危险分析(如危险与可操作性分析)基础上,通过风险分析确定安全仪表功能及其风险降低要求,并尽快评估现有安全仪表功能是否满足风险降低要求;企业应在评估基础上,制定安全仪表系统管理方案和定期检验测试计划。对于不满足要求的安全仪表功能,要制定相关维护方案和整改计划,2019年底前完成安全仪表系统评估和完善工作。

参考3 《国务院办公厅关于印发危险化学品安全综合治理方案的通知》(国办发〔2016〕88号)

第21条 推进科技强安。推动化工企业加大安全投入,新建化工装置必须装备自动化控制系统,涉及"两重点一重大"的化工装置必须装备安全仪表系统,危险化学品重大危险源必须建立健全安全监测监控体系。

参考4 《化工和危险化学品生产经营单位重大生产安全事故隐患判定标准(试行)》(安监总管三〔2017〕121号)

第五条 涉及毒性气体、液化气体、剧毒液体的一级、二级重大危险源的危险化学品罐区未配备独立的安全仪表系统的判定为重大隐患。

从上述几个文件可见,《国务院办公厅关于印发危险化学品安全综合治理方案的通知》国办发〔2016〕88号涉及"两重点一重大"的化工装置必须装备安全仪表系统,其他文件均未有如此要求,由于88号文过于苛刻,涉及面太广,实际工程中也不这样执行。目前主要工程依据为:(1)涉及毒性气体、液化气体、剧毒液体的一级或者二级重大危险源,配备独立的安全仪表系统（SIS）。（2）通过风险分析确定是否需要配备安全仪表系统。
（3）基于 ALARP 原则。

小结： 涉及"两重点一重大"工艺装置的安全仪表系统设置主要依据 40
号令等文件。

问 165 涉及一、二级重大危险源的 SIL 等级一定要是 SIL2 的要求出自哪？

答： 出自部分地区下发的规范性文件有要求，如河北省、江苏省。

◂ 参考1 《2021 年全省危险化学品和烟花爆竹安全监管工作要点》（冀
应急危化〔2021〕22 号）

◂ 参考2 关于印发《本质安全诊断治理基本要求》的通知（苏应急
〔2019〕53 号）

附件中第三项第 7 条 涉及毒性气体、液化气体、剧毒液体的一级、
二级重大危险源的危险化学品罐区应设独立的安全仪表系统。每个回
路的检测元件和执行元件宜独立设置，安全仪表等级（SIL）宜不低于
2 级。

小结： 涉及一、二级重大危险源的 SIL 等级一定要是 SIL2 没有强制规范
要求。

问 166 涉及一、二级重大危险源液化烃储罐，进出口紧急切断阀都需要进 SIS 吗？

答： 涉及一、二级重大危险源液化烃储罐应设置 SIS、进出口紧急切断阀
都需要进 SIS 系统。

◂ 参考1 《危险化学品重大危险源监督管理暂行规定》（安全监管总局令
第 40 号）第十三条（三）。

◂ 参考2 《化工和危险化学品生产经营单位重大生产安全事故隐患判定
标准（试行）》（安监总管三〔2017〕121 号）第五条。

小结： 液化烃属于液化气体，按照《危险化学品重大危险源监督管理暂行
规定》（国家安全生产监督管理总局令第 40 号）和《化工和危险化学品生
产经营单位重大生产安全事故隐患判定标准（试行）》（安监总管三〔2017〕
121 号）文件要求，应设置独立的 SIS 系统，紧急切断阀应进 SIS 系统。

问 167 涉及毒性气体、液化气体、剧毒液体的一级、二级重大危险源罐区未设置独立的安全仪表系统，属于重大隐患吗？

答： 属于。

参考 《化工和危险化学品生产经营单位重大生产安全事故隐患判定标准（试行）》（安监总管三〔2017〕121号）

第五条 涉及毒性气体、液化气体、剧毒液体的一级、二级重大危险源的危险化学品罐区未配备独立的安全仪表系统。

小结： 涉及毒性气体、液化气体、剧毒液体的一级、二级重大危险源的危险化学品罐区未配备独立的安全仪表系统，构成重大生产安全事故隐患。

问 168 四级重大危险源是否需要设置 SIS 系统？

具体问题： 整个罐区构成四级重大危险源，涉及重点监管的甲醇，甲苯，但每个都不构成，这样需要上 SIS 系统吗？有什么依据吗？

答： 没有强制要求设置 SIS 系统，通过风险分析确定安全仪表功能，明确是否设置 SIS 系统。相关参考如下：

参考1 《危险化学品重大危险源监督管理暂行规定》（安全监管总局令第40号）

（三）对重大危险源中的毒性气体、剧毒液体和易燃气体等重点设施，设置紧急切断装置；毒性气体的设施，设置泄漏物紧急处置装置。涉及毒性气体、液化气体、剧毒液体的一级或者二级重大危险源，配备独立的安全仪表系统（SIS）。

注意：本条没有规定强制要求所有重大危险源配置 SIS 系统。

参考2 《国家安全监管总局关于加强化工安全仪表系统管理的指导意见》（安监总管三〔2014〕116号）

第（十三）条要求，从 2018 年 1 月 1 日起，所有新建涉及"两重点一重大"的化工装置和危险化学品储存设施要设计符合要求的安全仪表系统。其他新建化工装置、危险化学品储存设施安全仪表系统，从 2020 年 1 月 1 日起，应执行功能安全相关标准要求，设计符合要求的安全仪表系统。

第（十四）条要求，涉及"两重点一重大"在役生产装置或设施的化工企业和危险化学品储存单位，要在全面开展过程危险分析（如危险与可操作性分析）基础上，通过风险分析确定安全仪表功能及其风险降低要求，并尽快评估现有安全仪表功能是否满足风险降低要求。

◀ **参考3**　《国务院办公厅关于印发危险化学品安全综合治理方案的通知》（国办发〔2016〕88号）

第21条　新建化工装置必须装备自动化控制系统，涉及"两重点一重大"的化工装置必须装备安全仪表系统，危险化学品重大危险源必须建立健全安全监测监控体系。

小结： 没有强制要求设置SIS系统，通过风险分析确定安全仪表功能，明确是否设置SIS系统

问 169 关于独立安全仪表系统（SIS）如何进行设置？

具体问题： 关于40号令里面"涉及毒性气体、液化气体、剧毒液体的一级或者二级重大危险源，配备独立的安全仪表系统（SIS）"。指的是完全独立还是不论SIL等级，直接与DCS完全分离。一个紧急切断阀安装两个电磁阀，一个SIS，一个DCS满足相应要求吗？

答： 按照《石油化工安全仪表系统设计规范》（GB/T 50770—2013）

第5.0.8条　安全仪表系统应独立于基本过程控制系统，并应独立完成安全仪表功能；并参考GB/T 50770—2013的7.2.1、7.5.2、7.5.3初步判断是否独立。

小结： 阀门等最终元件的独立设置根据GB/T 50770—2013、HG/T 22820—2024判断。

问 170 报警/联锁解除（投用）、变更的最终审批需要由哪类层级或权限的人来执行？

答： 相关参考如下：

◀ **参考1**　《国家安全监管总局关于加强化工过程安全管理的指导意见》（安监总管三〔2013〕88号）

（十六）建立并不断完善设备管理制度。

建立仪表自动化控制系统安全管理制度。新（改、扩）建装置和大修装置的仪表自动化控制系统投用前、长期停用的仪表自动化控制系统再次启用前，必须进行检查确认。要建立健全仪表自动化控制系统日常维护保养制度，建立安全联锁保护系统停运、变更专业会签和技术负责人审批制度。

◀ **参考 2** 《危险化学品企业安全风险隐患排查治理导则》（应急〔2019〕78号）

仪表安全管理：企业应建立安全联锁保护系统停运、变更专业会签和技术负责人审批制度。联锁保护系统的管理应满足：

1. 联锁逻辑图、定期维修校验记录、临时停用记录等技术资料齐全；

2. 应对工艺和设备联锁回路定期调试；

3. 联锁保护系统（设定值、联锁程序、联锁方式、取消）变更应办理审批手续；

4. 联锁摘除和恢复应办理工作票，有部门会签和领导签批手续；

5. 摘除联锁保护系统应有防范措施及整改方案。

◀ **参考 3** 《工业自动化和控制系统网络安全 集散控制系统（DCS） 第2部分：管理要求》（GB/T 33009.2—2016）

企业应建立安全联锁保护系统停运、变更专业会签和技术负责人审批制度。联锁保护系统的管理 应满足：

1. 联锁逻辑图、定期维修校验记录、临时停用记 录等技术资料齐全；

2. 应对工艺和设备联锁回路定期调试；

3. 联锁保护系统（设定值、联锁程序、联锁方式、取消）变更应办理审批手续；

4. 联锁摘除和恢复应办理工作票，有部门会签和领导签批手续；

5. 摘除联锁保护系统应有防范措施及整改方案。

◀ **参考 4** 《石油化工分散控制系统设计规范》（SH/T 3092—2013）7.3.1.4 条、《石油化工安全仪表系统设计规范》（GB/T 50770—2013）10.1.3 条

DCS 和 SIS 系统应设置管理权限，岗位操作人员不应有修改自动控制系统所有工艺指标、报警和联锁值的权限。

以上列出的相关规范对报警/联锁解除（投用）、变更的权限、会签、最终审批等都做了较为明确的规定，其他规范标准不再一一列出。

小结： 企业可根据自身实际情况与组织架构形式制定仪表自动化控制系统安全管理等制度，并在制度里明确定义。

问 **171** 安全仪表系统摘除时间最长不得超出多长时间有标准要求吗？

答： 临时摘除不超过一个月。有关规范性文件要求如下：

◁ **参考1** 《关于加强化工过程安全管理的指导意见》（安监总管三〔2013〕88号）

七、设备完好性（完整性）以及十、变更管理

◁ **参考2** 《化工（危险化学品）企业安全检查重点指导目录》（安监总管三〔2015〕113号）

第二十二条　安全联锁未正常投用或未经审批摘除以及经审批后临时摘除超过一个月未恢复的。

小结： 安全仪表系统临时摘除不超过一个月。

问 172 安全仪表系统各安全功能回路组件传感器、逻辑控制器及相关执行机构检测周期是多少？

具体问题： 在对罐区进行 SIF 回路 SIL 等级验证时，安全仪表系统各安全功能回路组件传感器、逻辑控制器及相关执行机构统一进行 1 年 1 检测。2 年 1 检测不可以吗？ 4 年 1 检测不可以吗？如下：

4　重要假设及说明

4.1　检验测试周期。本项目（罐区）安全仪表系各安全功能回路组件传感器、逻辑控制器及相关执行机构统一进行检测，TI=1 年。

4.1.1　传感器部分每 1 年校准一次，校准内容包括电气测试，量程、零位、上行程、下行程、误差范围等。

4.1.2　逻辑控制器每 1 年一次检修，包括冗余测试、功能测试、和现场表的联调等。

4.1.3　执行机构阀门每 1 年检测一次，检测包括阀门的动作测试，功能测试。

4.2　检验测试能力。按照目前仪表检维修队伍及实际维修状况，本次 SIL 验证，检维修能力（MCI）值取 90%，即在检验测试期间能够发现并处理 90% 的潜在故障及隐患。

4.3　仪表设备的预期寿命。按照国内目前仪器仪表技术，联锁回路仪表设备预期使用寿命按 15 年计算。

答： 可以根据验证情况，调整检测周期。TI 时间需要满足 SIF 验算要求前提下，宜与企业罐区停产检修计划时间一致，或储罐处于备用时可以进行检验测试。

当 TI 需求时间小于罐区停产检修计划时间时，通常可以调整仪表配置

和冗余结构解决。

 参考1 《石油化工安全仪表系统设计规范》(GB/T 50770—2013)

第 3.4.4 条 功能测试间隔应按安全仪表系统的技术要求确定，并应按测试程序进行功能测试。

 参考2 《化工过程安全管理导则》(AQ/T 3034—2022)

第 4.11.2.4 条 按照符合安全完整性要求的检验测试周期，对安全仪表功能进行定期全面检验、测试，并详细记录测试经过和结果。

小结： SIL 验算周期以 SIL 验算报告中建议或安全仪表系统的技术要求确定。

问 173 SIS 系统投运后需要每年进行一次检验测试吗？

答： 需要定期测试，定期测试周期不得长于 SIL 验证要求的诊断测试间隔周期。

 参考1 《电气电子可编程电子安全相关系统的功能安全第 6 部分： GB/T 20438.2 和 GBT 20438.3 的应用指南》(GB/T 20438.6—2017)

附表 B.1 中关于检测测试时间间隔（h）Ti 的定义和规定。具体检测时间应按照 SIL 评估及验算报告中提出的检测测试时间间隔来确定。

 参考2 《国家安全监管总局关于加强化工安全仪表系统管理指导意见》（原安监总管三〔2014〕116 号）

第五条 规范化工安全仪表系统的设计。通过仪表设备合理选择、结构约束（冗余容错）、检验测试周期以及诊断技术等手段，优化安全仪表功能设计，确保实现风险降低要求。要合理确定安全仪表功能（或子系统）检验测试周期，需要在线测试时，必须设计在线测试手段与相关措施。详细设计阶段要明确每个安全仪表功能（或子系统）的检验测试周期和测试方法等要求。第七条要求，要按照符合安全完整性要求的检验测试周期，对安全仪表功能进行定期全面检验测试，并详细记录测试过程和结果。

 参考3 《石油化工安全仪表系统设计规范》(GB/T 50770—2013)

3.4.4 功能测试间隔应按安全仪表系统的技术要求确定，并应按测试程序进行功能测试。

小结： SIS 系统投运后需要定期检验测试，定期测试周期不得长于 SIL 验证要求的诊断测试间隔周期。

问 174 安全仪表系统的设备或技术（执行器或控制器）变更，是否需要重新进行 SIL 验证？

答： 需要。

安全仪表 SIF 等级和传感器、逻辑控制器和执行机构有关，每个设备的失效概率不相同，当传感器或者执行机构发生变化时，其失效概率也不尽相同，所以需要根据更换后的设备进行重新验算。如更换相同的设备，则不需要重新验算。

参考 1 《国家安全监管总局关于加强化工过程安全管理的指导意见》（安监总管三〔2013〕88 号）

（十六）建立并不断完善设备管理制度。建立仪表自动化控制系统安全管理制度。新（改、扩）建装置和大修装置的仪表自动化控制系统投用前、长期停用的仪表自动化控制系统再次启用前，必须进行检查确认。要建立健全仪表自动化控制系统日常维护保养制度，建立安全联锁保护系统停运、变更专业会签和技术负责人审批制度。

（十七）设备安全运行管理。开展安全仪表系统安全完整性等级评估。企业要在风险分析的基础上，确定安全仪表功能（SIF）及其相应的功能安全要求或安全完整性等级（SIL）。企业要按照《过程工业领域安全仪表系统的功能安全》（GB/T 21109）和《石油化工安全仪表系统设计规范》（GB/T 50770—2013）的要求，设计、安装、管理和维护安全仪表系统。

（二十三）严格变更管理。工艺技术变更。主要包括生产能力，原辅材料（包括助剂、添加剂、催化剂等）和介质（包括成分比例的变化），工艺路线、流程及操作条件，工艺操作规程或操作方法，工艺控制参数，仪表控制系统（包括安全报警和联锁整定值的改变），水、电、汽、风等公用工程方面的改变等。

参考 2 《石油化工安全仪表系统设计规范》（GB/T 50770—2013）

3.4.2 安全仪表系统的硬件和应用软件的修改或变更应符合变更修改程序，并应按审批程序获得授权批准，不应改变设计的安全完整性等级，并应保留变更记录。

> **参考3** 《安全仪表功能（SIF）安全完整性等级（SIL）验证导则（T/
CCSAS 045—2023 ）》

6.11 应确定 SIF 关键设备，SIF 关键设备应参与 SIL 验证。非 SIF 关键设备不参与 SIL 验证。

6.12 SIF 中的控制阀属于安全关键设备时，用于实现安全关键动作的控制阀的执行机构、电磁阀、阀体均应参与 SIL 验算。属于安全关键设备的执行机构、电磁阀、阀体等变更时，可根据其 SIL 证书中失效数据判定是否需要重新验证。

小结： 安全仪表系统的设备或技术（执行器或控制器）变更需要重新进行 SIL 验证。

问 175 测量仪表、控制阀及执行机构等在什么情况下不需要强制进行 SIL 认证?

答： 测量仪表、控制阀、执行机构不需要强制 SIL 认证。

> **参考1** 《过程工业领域安全仪表系统的功能安全 第 1 部分：框架、定义、系统、硬件和应用编程要求》(GB/T 21109.1—2022)，11.5.2.1 用 于 规 定 SIL 的 SIS 的 设 备 应 符 合 GB/T 20438.2—2017、GB/T 20438.3—2017 和 / 或 11.5.3 ~ 11.5.6 的规定。GB/T 21109.1—2022 没有要求测量仪表、控制阀及执行机构需要强制 SIL 认证。GB/T 21109.1—2022 允许根据"以往使用"选择设备。

> **参考2** 《石油化工安全仪表系统设计规范》(GB/T 50770—2013)

8.1.2 用于逻辑控制器的可编程电子系统应取得国家权威机构的功能安全认证。GB/T 50770—2013 没有要求测量仪表、控制阀及执行机构需要强制 SIL 认证。安全联锁系统仪表和切断阀的失效数据来源主要有三部分，第一是维护记录，第二是供货商提供，第三是第三方数据库。

> **参考3** 住建部网站 2023.1.29 公示的 GB/T 50770—2013 局部修改版标准，4.2.3.2 安全仪表功能的要求时危险失效平均概率（PFDavg）验证计算采用的仪表设备可靠性数据宜来自以往使用数据、安全完整性等级认证报告、公开发行的工业数据库或手册等。GB/T 50770—2013 住建部网站公示的局部修订版，没有要求测量仪表、控制阀及执行机构需要强制 SIL 认证。

小结： 测量仪表、控制阀、执行机构不需要强制 SIL 认证。

问 176 如何理解安全仪表范围？

具体问题：

　　疑问 1：工艺自动化流程控制内容是否需要纳入安全仪表范畴。

　　疑问 2：安全仪表系统是否专指独立保护层的安全控制系统。

答： 通常安全仪表系统指的是下图中的标注部分。

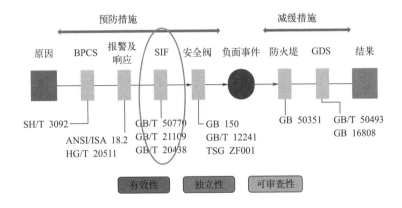

　　独立保护层示意图也可以看到 SIS 在独立保护层模型中的位置。

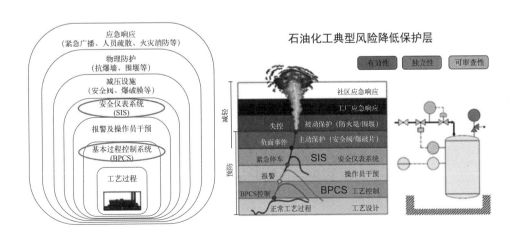

风险降低模型：

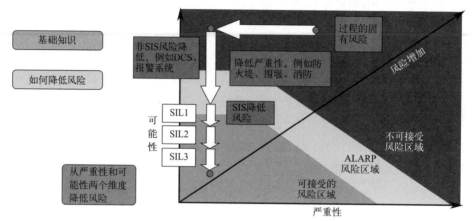

基础知识

如何降低风险

从严重性和可能性两个维度降低风险

非SIS风险降低，例如DCS、报警系统

降低严重性。例如防火堤、围堰、消防

过程的固有风险

风险增加

可能性

SIL1

SIL2

SIL3

SIS降低风险

不可接受风险区域

ALARP风险区域

可接受的风险区域

严重性

预防和减轻措施对风险的影响

术语和定义

3.2.72 安全仪表系统 safety instrumented system

用来实现一个或几个仪表安全功能的仪表系统。SIS 可以由传感器（Sensor）、逻辑解算器（Logic Solver）和最终元件（Final Element）的任何组合组成。

——参考 GB/T 21109.1—2007（IEC 61511-1:2003，IDT）

3.2.71 仪表安全功能 safety instrument function；SIF

具有某个特定 SIL 的，用以达到功能安全的安全功能，它既可以是一个仪表安全保护功能，也可以是一个仪表安全控制功能。

3.2.74 安全完整性等级 safety integrity level；SIL

用来规定分配给安全仪表系统的仪表安全功能的安全完整性要求的离散等级（4 个等级中的一个）。SIL4 是安全完整性的最高等级，SIL1 为最低等级。

——参考 GB/T 21109.1—2007（IEC 61511-1:2003，IDT）

2.1.1 安全仪表系统 safety instrumented system

实现一个或多个安全仪表功能的仪表系统。

——参考 GB/T 50770—2013

SIS 独立于 BPCS 的含义。

如果 BPCS 控制回路的正常操作满足以下要求，则可作为独立保护层

a）BPCS 控制回路应与安全仪表系统（SIS）功能安全回路 SIF 在物理上分离，包括传感器、控制器和最终元件；

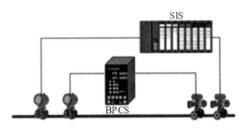

——参考 GB/T 32857—2016

问 177 如何理解"安全仪表系统应设计为故障安全型"？

具体问题： 规范安全仪表系统应设计为故障安全型，当安全仪表系统内部产生故障时，安全仪表系统应能按照设计的预定方式，将过程转入安全状态，如何理解?

答： 依据安全联锁设计要求如下：

‹ 参考 1 《信号报警、安全联锁系统设计规定》（HG/T 20511—2014）

条文说明：第 4.5.1 条 对于传感器，故障安全型通常指断电、CPU 故障、断线时，传感器传输的信号可以执行联锁动作，使设备/单元/装置等达到安全状态；对于最终元件，故障安全型通常指断电、断气、断信号时，最终元件的状态或位置应该为设备/单元/装置处于安全状态；非可编程逻辑控制器，通常为用继电器构成的逻辑电路，故障安全型是指断电联锁。

‹ 参考 2 《石油化工安全仪表系统设计规范》（GB/T 50770—2013）

第 5.0.11 条 安全仪表系统应设计成故障安全型。当安全仪表系统内部产生故障时，安全仪表系统应能按设计预定方式，将过程转入安全状态。

5.0.11 的条文解释：安全仪表系统的测量仪表、逻辑控制器、最终元件等内部产生故障，不能继续工作时，石油化工生产过程应转入安全状态。即安全仪表系统的测量仪表故障时，输出最大值或最小值，触发安全联锁；逻辑控制器故障时，输出最大值或最小值，触发安全联锁；最终元件故障时，保障最终元件安全位置（FC、FO、FL）。

问 178 如何理解"安全仪表系统应设计为故障安全型"阀位状态？

具体问题： 故障安全型，FO/FC 这两项。FL 需要带储气罐，保证阀门能够正常动作两个来回，最终趋向于开或关，保证工艺安全位置。这样回答对吗？

答：《石油化工安全仪表系统设计规范》（GB/T 50770—2013）5.0.11 的条文解释：安全仪表系统的测量仪表、逻辑控制器、最终元件等内部产生故障，不能继续工作时，石油化工生产过程应转入安全状态。即，安全仪表系统的测量仪表故障时，输出最大值或最小值，触发安全联锁；逻辑控制器故障时，输出最大值或最小值，触发安全联锁；最终元件故障时，保障最终元件安全位置（FC、FO、FL）。

　参考1　《自动化仪表选型设计规范》（HG/T 20507—2014）

第 11.10.1 条　仪表供气系统发生故障或动力源突然中断时，控制阀的开度应处于使生产装置安全的位置。

　参考2　《石油化工自动化仪表选型设计规范》（SH/T 3005—2016）

第 10.1.11 条　执行机构的选择应符合下列规定：

h）一般情况下，阀门的联锁位置和气源故障位置一致。如果这两种情况下的位置不一样，需要使用储气罐以确保联锁时位于正常位置。无论怎样，电磁阀失电（非励磁）联锁；

　参考3　《石油化工安全仪表系统设计规范》（GB/T 50770—2013）

第 7.4.4 条　安全仪表系统的电磁阀应优先选用耐高温（H 级）绝缘线圈，长期带电型，隔爆型。条文解读为石油化工过程的最终元件的电磁阀以断电为故障安全方式。在工艺过程正常运行时，电磁阀应励磁工作。

问 179 如何理解 SIF 回路安全完整性等级为 SILa？

答： 石油化工流程工业领域安全仪表系统（SIS）的安全完整性等级（SIL）分为 3 级：SIL1、SIL2、SIL3，SIL3 等级最高，SIL1 等级最低。等级越高，期望的要求是危险失效平均概率（PFDavg）越低，或者危险失效平均频率（PFH）越低。在石油化工行业中，SIS 要求模式通常以要求运行模式出现，SIL 等级与要求模式的 PFDavg、风险削减因子（RRF）对应关系如下：

要求运行模式		
SIL	PFDavg	RRF
3	$10^{-4} \sim 10^{-3}$	$>1000 \sim 10000$
2	$10^{-3} \sim 10^{-2}$	$>100 \sim 1000$
1	$10^{-2} \sim 10^{-1}$	$>10 \sim 100$

部分工程在安全分析时对 PFDavg 落在 0.1～1（即 RRF 落在 1～10）需求的 SIF 定级为 SILa。可见即使 SILa 的 SIF 也需引起重视，此回路也是削减风险至可接受范围内不可或缺的，应结合所使用的安全分析方法论和相关文件要求，进一步考虑策略，由 BPCS 或 SIS 实现此回路功能，比如采用 LOPA 方法论时，BPCS 已在特定场景使用两次削减，此时 SILa 的 SIF 采用 SIS 实施；或此回路为满足《危险化学品重大危险源监督管理暂行规定》（全监总局令第 40 号）的第十三条（三），此时采用 SIS 实施。

关于 SILa 的定义：

低要求运行模式要求时的危险失效平均概率（PFDavg）$\geqslant 10^{-1}$ 且 $< 10^{0}$；

高要求或连续运行模式每小时危险失效平均频率（PFH）$\geqslant 10^{-5}$ 且 $< 10^{0}$。

‹　**参考**　《过程工业领域安全仪表系统的功能安全第 3 部分：确定要求的安全完整性等级的指南》（GB/T 21109.3—2007）

附录 D 半定性方法：校正的风险图中有关于 SILa 的描述 --a= 表示无特殊安全要求。

SILa 的实施：SILa 可以在基本过程控制系统（BPCS）或 SIS 中实现，不需要满足《石油化工安全仪表系统设计规范》（GB/T 50770—2013）和《过程工业领域安全仪表系统的功能安全第 3 部分：确定要求的安全完整性等级的指南》（GB/T 21109.3—2007）等标准。

在实际工程实施中应注意以下的环节：

1）对于一个事故场景，BPCS 不能提供保护两次以上，最多只允许参与两个独立保护层，并且要求独立于初始事件，如果 BPCS 参与了初始事件，BPCS 只允许参与一个独立保护层。如果 BPCS 已经参与两个独立保护层或者参与了一个独立保护层加初始事件，SILa 不允许再由 BPCS 实现，SILa 应由 SIS 实现，或者经 ALARP 分析后可以忽略这部分风险。

2）对于一个事故场景，假设 BPCS 提供保护达到了两次，其中一个保护为 BPCS 联锁，并且安全分析评估得出 SILa，可以考虑将作为独立保护层的 BPCS 联锁采用 SIS 实现。

小结： SIL0 即相当于 SILa，可以在基本过程控制系统（BPCS）或 SIS 中实现。

问 180 SIL 等级是 1、2、3、4 还是 0、1、2、3？

答： SIL 等级是 1、2、3、4，其中 4 级保护等级最高。石油化工项目中不允许出现 SIL4。SIL0 不属于 SIL 等级。

> **参考** 《过程工业领域安全仪表系统的功能安全 第 1 部分：框架、定义、系统、硬件和软件要求》（GB/T 21109.1—2022）

第 9.32 条 过程分配要求及 IEC 61511-1：2016

9.2.4 在连续模式下运行的每个 SIF 所需要的 SIL，应根据表 5 来确定。

表 4 安全完整性要求：PFD_{avg}

要求运行模式		
安全完整性等级（SIL）	PFD_{avg}	要求的风险降低
4	$10^{-5} \sim 10^{-4}$	>10000~100000
3	$10^{-4} \sim 10^{-3}$	>1000~10000
2	$10^{-3} \sim 10^{-2}$	>100~1000
1	$10^{-2} \sim 10^{-1}$	>10~100

表 5 安全完整性等级：SIF 的危险失效平均频率

连续运行模式或要求运行模式	
安全完整性等级（SIL）	危险失效平均频率（每小时失效）
4	$10^{-9} \sim 10^{-8}$
3	$10^{-8} \sim 10^{-7}$
2	$10^{-7} \sim 10^{-6}$
1	$10^{-6} \sim 10^{-5}$

在 SIL 定级报告中经常会出现 SIL0 或者 SILa，依据《石油化工安全仪表系统设计规范（报批稿）》第 4.1.5 条要求：安全完整性等级分级为 SILa 或 SIL0 指要求时危险失效平均概率（PFDavg）介于 0.1 和 1 之间的风险降低措施。SILa 或 SIL0 联锁保护功能可在安全仪表系统实现，也可在基本过程控制系统实现。严格地说 SILa 或 SIL0 并不是 SIS 系统的范畴，也就是说不需要安全完整性等级。

小结： SIL 等级是 1、2、3、4。SILa 或 SIL0 的风险消除因子 RRF ＜ 10，尚存在风险缺口，只不过在 DCS 中实现可满足安全要求。

问 181　安全仪表系统主要的环节包括哪些？

答：《过程工业领域安全仪表系统的功能安全　第 1 部分：框架、定义、系统、硬件和应用编程要求》（GB/T 21109.1—2022）

第 3.2.67 条　用来实现一个或多个 SIF 的仪表系统。

注 1：SIS 由任意组合的传感器、逻辑解算器及最终元件组成。它也包括通信和辅助设备（如电缆、管道、电源、取压管、伴热）。

注 2：SIS 可以包括软件。

注 3：SIS 可以包括人为动作作为 SIF 的一部分（见 ISA TR 84.00.04：2015，第 1 部分）。

问 182　SIS 可以和 DCS 共用元件吗？

具体问题： 独立的安全仪表系统是检测元件和执行元件不能够与 DCS 共用吗？切断阀设独立的控制器，机械元件共同可以吗？

答： SIS 独立于 BPCS 的含义

《保护层分析（LOPA）应用指南》（GB/T 32857—2016）

如果 BPCS 控制回路的正常操作满足以下要求，则可作为独立保护层。

a）BPCS 控制回路应与安全仪表系统（SIS）功能安全回路 SIF 在物理上分离，包括传感器、控制器和最终元件；

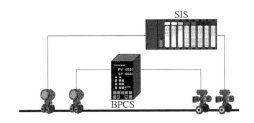

一个切断阀，配置两个电磁阀，一个用于 DCS，另一个用于 SIS，不属于独立，仍然是共用。

共用为有条件共用，需要满足前提条件。

小结： SIS 在一定条件下可以和 DCS 共用元件。

问 183 SIF 回路显示界面可以和 DCS 用同一个显示器吗？

具体问题： SIF 回路显示界面和 DCS 同一个显示器显示，能说 SIS 系统没有独立设置吗？

答： 这样设置算独立。

显示部分不在安全功能之内。独立性是指安全功能部分，包括输入、输出、控制器。

输入、输出简单说就是测量仪表、控制阀。

参考 《石油化工安全仪表系统设计规范》（GB/T 50770—2013）

10.1　操作员站

10.1.1　安全仪表系统宜设操作员站。在操作员站失效时，安全仪表系统的逻辑处理功能不应受影响。

10.1.2　安全仪表系统应采用操作员站作为过程信号报警和联锁动作报警的显示和记录。

10.1.3　操作员站不应修改安全仪表系统的应用软件。

条文说明：10.1.1 条中所指操作员站可采用安全仪表系统的操作员站，也可采用基本过程控制系统的操作员站。

小结： SIF 回路显示界面可以和 DCS 用同一个显示器。

问 184 SIS 和 DCS 阀门是否必须单独设置？ SIL1 及以下可以共用吗？

答： 参考如下：

参考 《石油化工安全仪表系统设计规范》（GB/T 50770—2013）

7.2　控制阀的独立设置

7.2.1　SIL1 级安全仪表功能，控制阀可与基本过程控制系统共用，应确保安全仪表系统的动作优先。

7.2.2　SIL2 级安全仪表功能，控制阀宜与基本过程控制系统分开。

7.2.3　SIL3 级安全仪表功能，控制阀应与基本过程控制系统分开。

《石油化工安全仪表系统设计规范》（GB/T 50770—202× 征求意见稿）：

7.2　控制阀的独立设置

7.2.1　SIL1 级安全仪表功能，控制阀宜与基本过程控制系统分开；当与基本过程控制系统共用控制阀时，应确保安全仪表系统的动作优先并独立完成。

7.2.2 SIL2 级安全仪表功能，控制阀应与基本过程控制系统分开。

7.2.3 SIL3 级安全仪表功能，控制阀应与基本过程控制系统分开。

小结： 对于 SIL1 回路的控制阀，设计规范并未绝对禁止不可共用。但实际上共用时有前提条件的，比如：在采用独立保护层分析方法时是与方法论相违背的；控制阀由低需求模式变为连续模式；控制阀的故障时效率要求更高，因为此共用环节需要同时担负 SIS 和 DCS 的安全功能，控制阀还应兼容基本过程控制和安全仪表系统控制的性能要求，如：阀型，泄漏等级；维护和操作需要遵循 SIS 安全生命周期的要求等等；因此尽可能应独立设置。

问 185 安全完整性等级（SIL）评估包括什么？

答： 详见规范要求：

> **参考** 《石油化工安全仪表系统设计规范》（GB/T 50770—2013）

4.2.1 条的要求，安全完整性等级评估宜包括确定每个安全仪表功能的安全完整性等级；确定诊断维护和测试要求等。

4.2.2 安全完整性等级评估方法应根据工艺过程复杂程度、国家现行标准、风险特性和降低风险的方法、人员经验等确定。主要方法应包括保护层分析法、风险矩阵法、校正的风险图法、经验法及其他方法。

4.2.3 安全完整性等级评估宜采用审查会方式。审查的主要文件宜包括工艺管道与仪表流程图、工艺说明书、装置及设备布置图、危险区域划分图、安全联锁因果表及其他有关文件。参加评估的主要人员宜包括工艺、过程控制（仪表）、安全、设备、生产操作及管理等方面。

问 186 安全完整性等级（SIL）验证数据来源于哪里？

答： 用于安全完整性等级（SIL）验证的测量仪表和控制阀等的可靠性数据，可以来自企业以往实际使用可靠性数据（首选）、产品 SIL 认证报告数据、公开的工业数据库或手册数据等。以上任何一种途径作为可靠性数据来源，均符合化学品协会团体标准 SIL 验证包括这些内容，以及 GB/T 50770—2013（局部修订，住建部公开征求意见稿）包括这些内容。

问 187 SIS 系统的复位按钮到底加不加防护罩？

答： 不需要。

设计合理和组态规范的联锁逻辑，联锁触发条件优先级高于复位按钮。即在正常生产运行状态下（未达到联锁动作条件），按下复位按钮，联锁不发生任何变化。当工艺触发联锁后，只有联锁条件达到正常条件时，复位按钮才起作用。复位按钮的动作应设置记录功能。

复位按钮可按下列方式设置：

1　在安全仪表系统的操作员站设置软件按钮；

2　在基本过程控制系统的操作员站设置软件按钮；

3　在辅助操作台设置硬件按钮；

4　在最终元件现场设置硬件复位按钮或开关（若需要）。

复位按钮不同于紧急停车按钮，紧急停车按钮宜设置在辅助操作台或现场，应戴防护罩。紧急停车按钮所带的防护罩不能设置妨碍紧急开启的设施，如权限锁等。

小结： SIS 系统的复位按钮不需要加防护罩。

问 188 每个 SIF 都必须要在辅操台上设置一个对应的急停按钮吗？

答： 不是每个 SIF 都必须要在辅操台上设置一个对应的急停按钮。

〈 参考1 《石油化工安全仪表系统设计规范》（GB/T 50770—2013）没有要求，每个 SIF 都必须要在辅操台上设置一个对应的急停按钮。只是要求，确定为控制室紧急停车按钮，应设置在辅助操作台上。

〈 参考2 《石油化工安全仪表系统设计规范》（GB/T 50770—2023，局部修订版）修改了程度用词，"应"修改为"宜"，也就是不禁止采用软按钮。

控制室是否需要设置辅助操作台按钮，通常需要根据设计文件确定，还需要考虑监管文件要求、行业、企业、团体要求等。

注意：手动操作和急停，包括现场手动功能和控制室手动功能，控制室手动功能又分为辅助操作台硬按钮和软按钮，急停按钮的防护罩上不应设置妨碍其紧急开启的附件，如权限锁、铅封等。

〈 参考3 《化工安全仪表系统工程设计规范》（HG/T 22820—2024）10.6、10.6.1、10.6.2、10.6.3 及条文说明、10.6.4。

小结： 不是每个 SIF 都必须要在辅操台上设置一个对应的急停按钮。

问 189　SIF 回路联锁逻辑图中的延时是什么意思？

答： SIF 回路联锁逻辑图的延时是指在 SIS 组态中设置延时模块，当被侧变量达到联锁值后，延时若干秒后，联锁阀才动作，防止误动作或瞬间的高值，避免不必要的联锁，这个功能根据实际情况选用。

问 190　SIS 阀门联锁位置与阀门故障位置不一致如何处理？

答： 分为电动和气动执行器两种情况：

1. 气动执行器

< **参考**　《自动化仪表选型设计规范》（HG/T 20507—2014）

第 11.9.9 条　阀门的联锁位置和气源故障位置不一致时，应设置储气罐，以确保联锁时，阀门处于要求的位置。同时气罐的容量应满足阀门可以有大于两次从开到关和从关到开的动作的气源容量。

2. 电动执行器，则执行器需要增加备用电源，或者选用蓄能电动执行器。

问 191　SIS 系统现场监测仪表阀门挂牌书写颜色有没有什么规定？

答： 目前未见国家相关标准。

1. 颜色：参考《电气安全标志》（GB/T 29481—2013）警告标志要求。

2. 字体：参考《标牌》（GB/T 13306—2011）标识设计的原则进行。

3. 挂牌：参考《危险化学品企业事故隐患排查治理实施导则》（安监总管三〔2012〕103 号）附表 6：SIS 的现场检测元件，执行元件应有联锁标志警示牌，防止误操作引起停车。

小结： 挂牌是为了便于识别仪表，提高警惕性防止误操作。对于参与安全仪表功能的设备，其位号挂牌和标识宜采用醒目的颜色，以提醒作业人员该回路属联锁回路，其字体易于区别与背景色，以防止误动导致联锁启动，建议使用黄色。

问 192　SIS 阀门是故障关，气源压力正常后，阀门自动打开是否合理？

具体问题： "罐区三氯化磷储罐的出料 SIS 切断阀为故障关模式，停气后自动关闭，通气后自动打开，未见到此种自动恢复的合理性说明材料或者制度性规定"，这是专家检查提出的疑问，气源故障后，SIS阀门是故障关，气源压力正常后，阀门就自动打开了。专家说这个设计不合理，需要人工确认才能打开。

答： 设计院如果有具体要求，执行设计院要求。

设计院如果没有要求，通常情况下，无需考虑气源故障或风压低使气动控制阀动作，而过后气源又恢复正常再次使气动控制阀复位的场景。特殊场景才需要进一步考虑。

通常，不针对气源故障，气源再次恢复，设置复位确认。举例，FC的切断阀，正常为"开"状态，气源故障，失气，切断阀自动关闭，再次得气时，切断阀的状态要看电磁阀的状态。切断阀处于"控制状态"，包括SIS的联锁控制或DCS的自动控制。

若其他条件都没有变化，SIS的输出、DCS的输出，都没有变化，切断阀会恢复到气源故障失气前的状态。对于SIS联锁控制，只要期间没有触发联锁，工况依然处于正常状态，切断阀会重新打开。对于DCS调节阀，由于调节阀关闭后，相当于半开环，DCS的PID继续运算输出，DCS的AO输出会变化，调节阀气源再次得气后，调节阀会在DCS的AO信号经过阀门定位器的驱动下达到一定的开度。

若FC切断阀，气源故障，失气，强制关闭后，气源恢复使切断阀自动打开或打开到某一个位置，会有不利、有危险，那么需要进行风险分析，并确定安全保护措施和方案。通常情况下不会有风险。比如：对于联锁，FC切断阀，正常为开，气源故障，失气，强制关闭后，气源恢复，若此时工艺状态都在正常位置，那么切断阀打开，不会有危险。若此时工艺状态已经变化，导致触发了联锁条件，SIS联锁自然会动作，SIS输出自然会翻转状态，这时FC切断阀，也不会在气源恢复时自动打开。

对于调节阀，正常时，调节阀处于控制状态，处于自动调节中，气源故障，失气，强制关闭后，回路处于半开路，操作人员会很快发现，很大可能性会将回路调整为手动状态，并且有专人到现场检查。

部分参考标准：

《信号报警、安全联锁系统设计规范》（HG/T 20511—2014）第4.1.5安全联锁系统宜设计成只要把过程置于某个安全状态，则该状态将一直保持到启动复位为止。

条文说明：4.1.5复位一般采用操作员手动动作实现，不采用自动复位，因为自动复位启动过程时可能产生潜在的危险。当安全联锁系统执行多个动作，联锁复位执行时各最终元件也应保持在安全状态，再根据工艺操作手册分步启动最终元件。

注意：正文，4.1.5"安全联锁系统"宜设计成只要"把"过程置于某个安全状态，则该状态将一直保持到启动复位为止。并没有包括现场控制阀气源故障的情况，只是包括了"安全联锁系统""把过程置于某个安全状态"，这个场景。

小结： 通常情况下，无需考虑气源故障或风压低使气动控制阀动作，而过后气源又恢复正常再次使气动控制阀复位的场景。

问 193　SIS 系统紧急切断阀需要远程手动操作吗？

具体问题： 专家依据应急管理部《油气储存企业紧急切断系统基本要求（试行）》提出设置紧急切断阀远程手动操作。但企业储罐已设置 SIS 系统（含紧急切断），是否还要设置紧急切断阀远程手动操作？

答： 需要设置。

◄ **参考1**　应急管理部《油气储存企业紧急切断系统基本要求（试行）》

（五）关闭功能

紧急切断阀应同时具备以下关闭功能：

1. 液位超高联锁关闭进料切断阀。

2. 通过阀门本体手动关闭切断阀。

3. 在防火堤外手动按钮关闭切断阀。

4. 在控制室内手动遥控关闭切断阀。

◄ **参考2**　《罐区现场安全监控装备设置规范》（AQ 3036—2010）

第 5.3 条　原则上，自动控制装备应同时设置就地手动控制装置或手动遥控装置备用。就地手动控制装置应能在事故状态下安全操作。

◄ **参考3**　《石油化工自动化仪表选型设计规范》（SH/T 3005— 2016）

10.3.5.11　当工艺安全对紧急切断阀有防火要求时，在距离紧急切断阀15m 之外应设置紧急切断阀的现场操作开关，用于在紧急情况下现场手动关闭紧急切断阀。

◄ **参考4**　《立式圆筒形钢制焊接储罐安全技术规范》（AQ 3053—2015）

6.13　切断阀。储罐物料进出口管道靠近罐体处应设一个总切断阀。对大型储罐，应采用带气动型、液压型或电动型执行机构的阀门。当执行机构为电动型时，其电源电缆、信号电缆和电动执行机构应作防火保护。切断阀应具有自动关闭和手动关闭功能，手动关闭包括遥控手动关闭和现场手动关闭。

< 参考5 《石油化工罐区自动化系统设计规范》（SH/T 3184—2017）

5.4.1.13 用于联锁切断进料的紧急切断阀，应在火灾危险区外设置现场手动关阀按钮过开关，用于危险情况时现场手动操作。

问 **194** 储罐区要求 SIS 设置切断阀以外还需要 DCS 设置切断阀吗？

答： 没有规范和文件有此要求。

储罐的进出料控制一般有以下几种方式：

1. SIS 切断阀 +DCS 调节阀

2. SIS 切断阀 +DCS 切断阀 +DCS 调节阀

3. SIS 切断阀 + 现场手阀

小结： 没有文件强制要求储罐必须有 SIS 切断阀并设置 DCS 切断阀。

第八章
气体检测报警系统（GDS）

借助 GDS 系统实时监测周围环境，及时捕捉气体泄漏情况，第一时间发出安全警报，守护人员与生产安全。

——华安

问 195 氯化氢需要设置有毒气体报警器吗？

答： 可不设有毒气体报警器（气体报警器也称气体检测报警器、气体探测器）。

> **参考** 《石油化工可燃气体和有毒气体检测报警设计标准》（GB/T 50493—2019）

2.0.2 有毒气体（toxic gas）

劳动者在职业活动过程中，通过皮肤接触或呼吸可导致死亡或永久性健康伤害的毒性气体或毒性蒸气。

判断是否按有毒气体考虑设置，通常原则为：

（1）GB/T 50493—2019 附录 B 列出的气体或蒸气；SY/T 6503—2022 附录 B 列出的气体或蒸气；

（2）《高毒物品目录》（卫法监发〔2003〕142 号）中的气体或蒸气；

（3）GBZ 2.1—2019 中表 1 的介质，且符合 GB 30000.18—2013 中急性毒性 - 吸入 - 类别 1 类及 2 类的气体或蒸气；

（4）《危险化学品目录（2015 版）》中的介质，且符合 GB 30000.18—2013 中急性毒性 - 吸入 - 类别 1 类及 2 类的气体或蒸气；

（5）安监总管三〔2011〕95 号《国家安全监管总局关于公布首批重点监管的危险化学品名录的通知》和安监总管三〔2013〕12 号《国家安全监管总局关于公布第二批重点监管危险化学品名录的通知》中，其对应的安全措施和事故应急处置原则中要求设置有毒气体泄漏检测报警仪的介质。

氯化氢不在 GB/T 50493—2019 规范定义的有毒气体之列，可不设有毒气体报警器。

小结： 氯化氢可不设有毒气体报警器。

问 196 乙苯应采用可燃气体还是有毒气体探测器？

答： 可燃气体检测仪，相关参考如下：

> **参考 1** 《石油化工可燃气体和有毒气体检测报警设计标准》（GB/T 50493—2019）

第 2 章的术语解释，有毒气体是指劳动者在职业活动过程中，通过皮肤接触或呼吸可导致死亡或永久性健康伤害的毒性气体或毒性蒸气。

乙苯不在 GB/T 50493—2019 规范定义的有毒气体之列。

> **参考 2**　国家药监局公布的《世界卫生组织国际癌症研究机构致癌物清单》（二类）为 G2B。

> **参考 3**　《工作场所有害因素职业接触限值　第 1 部分：化学有害因素》（GBZ 2.1—2019）

第 4.1 条《表 1 工作场所空气中化学因素的职业接触限值》表中乙苯的致癌性为 G2B，对人可疑致癌。

小结： 1. 乙苯不在 GB/T 50493—2019 规范定义的有毒气体之列，可不设有毒气体报警器。

2. 乙苯的致癌性为 G2B，企业可根据实际情况设置有毒气体检测器。

问 197　苯酚是否需要设置有毒气体探测器？

具体问题： 专家提出，苯酚 LC50=316mg/m³，为 GB 30000.18—2013 中第一类急性毒性物质，应按有毒气体，设置有毒气体探测器。请问从标准要求和科学的角度，苯酚是否需要设置有毒气体探测（检测报警）器？

答： 首先，《石油化工可燃气体和有毒气体检测报警设计标准》（GB/T 50493—2019）条文说明 2 以及中石化自控设计技术中心站和全国化工自控设计技术中心站发布的《石油化工可燃气体和有毒气体检测报警设计标准》研讨会议纪要，特别说明了有毒气体的定义，给广大设计人员指明了方向。

有毒气体探测器设置问题：

设置有毒气体探测器时，是否需对《工作场所有毒气体检测报警装置设置规范》（GBZ/T 223—2009）所列的 56 种有毒气体和《工作场所有害因素职业接触限值　第 1 部分 化学有害因素》（GBZ 2.1—2019）所列的 339 化学有害气体，均按有毒气体设置？答复：

GBZ/T 223—2009《工作场所有毒气体检测报警装置设置规范》是职业健康卫生标准，所列的有毒气体种类是作为资料附录提出的，GDS 设计可不执行；GBZ 2.1—2019《工作场所有害因素职业接触限值　第 1 部分：化学有害因素》也是职业健康卫生标准，主要涉及工作环境有毒气体的 OEL 值，列出的化学有害气体种类属于职业健康监测内容要求，GDS 设计可不执行。

GB/T 50493—2019 是安全类标准，标准中所列的是石油化工常见有毒气体，依据来自：1)《高毒物品目录》卫法监发（2003）142 号中所列的 54 种气体或蒸气；2)《化学品分类和标签规范　第 18 部分：急性毒性》（GB 30000.18—2013）标准中急性毒性危害类别为 1 类及 2 类的急性有毒气体。GBZ/T 223—2009 和 GBZ 2.1—2019 所列的有毒气体不能作为 GB/T 50493—2019 判断有毒气体的依据，但是可作为有毒气体报警设定值的设定依据。

文中明确说明了适用范围为高毒气体以及急性毒性危害类别为 1 类及 2 类的急性有毒气体。

其次，根据《危险化学品目录 2015 版实施指南》（安监总厅管三〔2015〕80 号）的《危险化学品分类信息表》，苯酚为急性毒性 - 经口，类别 3*；急性毒性 - 经皮，类别 3*；急性毒性 - 吸入，类别 3*。

苯酚不属于《化学品分类和标签规范 第 18 部分：急性毒性》GB 30000.18—2013 急性毒性危害类别为 1 类及 2 类的急性有毒气体，因此非必须要求设置有毒气体探测仪。目前最新的苯酚 SDS 鉴定报告（2021 版），国外专门从事 SDS 研究的某公司提供的苯酚 SDS，苯酚急性毒性也是类别 3*。

综上所述，苯酚非必须要求设置有毒气体探测仪，企业可根据自身实际管理需要决定是否设置。条件允许的话，从企业对一线作业人员的健康监护和保护角度，建议设置。

判断是否按有毒气体考虑设置，通常原则为：

（1）GB/T 50493—2019 附录 B 列出的气体或蒸气；SY/T 6503—2022 附录 B 列出的气体或蒸气；

（2）《高毒物品目录》（卫法监发〔2003〕142 号）中的气体或蒸气；

（3）GBZ 2.1—2019 中表 1 的介质，且符合 GB 30000.18—2013 中急性毒性 - 吸入 - 类别 1 类及 2 类的气体或蒸气；

（4）《危险化学品目录（2015 版）》中的介质，且符合 GB 30000.18—2013 中急性毒性 - 吸入 - 类别 1 类及 2 类的气体或蒸气；

（5）安监总管三〔2011〕95 号《国家安全监管总局关于公布首批重点监管的危险化学品名录的通知》和安监总管三〔2013〕12 号《国家安全监管总局关于公布第二批重点监管危险化学品名录的通知》中，其对应的安全措施和事故应急处置原则中要求设置有毒气体泄漏检测报警仪的介质。

小结： 苯酚不要求设置有毒气体探测器。

问 198 苯乙烯泄漏源应采用可燃还是有毒气体探测器？

答： 应该设置可燃气体探测器。苯乙烯为乙 A 类可燃液体，不属于高毒物品，非急性毒性类别 1 和类别 2，根据 GB/T 50493，泄漏源应采用可燃气体探测器。

‹ **参考1** 《石油化工可燃气体和有毒气体检测报警设计标准》（GB/T 50493—2019）第2.0.2条：有毒气体是指劳动者在职业活动过程中，通过皮肤接触或呼吸可导致死亡或永久性健康伤害的毒性气体或毒性蒸气。

‹ **参考2** 《石油化工可燃气体和有毒气体检测报警设计标准》研讨会议纪要（全国化控站字〔2020〕6号、中石化〔2020〕自控站第04号），GB/T 50493中所列的常见有毒气体，依据来自：《高毒物品目录》（卫法监发〔2003〕142号）所列的54种气体或蒸气；《化学品分类和标签规范第18部分：急性毒性》（GB 30000.18—2013）急性毒性危害类别为1类及2类的急性有毒气体。

‹ **参考3** 《石油化工可燃气体和有毒气体检测报警设计标准》（GB/T 50493—2019）第2.0.1条：可燃气体又称易燃气体，甲类气体或甲、乙A类可燃液体气化后形成的可燃气体或可燃蒸汽。

‹ **参考4** 查询《危险化学品分类信息表》，苯乙烯的主要危险性类别包括：易燃液体，类别3*；皮肤腐蚀/刺激，类别2；严重眼损伤/眼刺激，类别2；致癌性，类别2；生殖毒性，类别2；特异性靶器官毒性-反复接触，类别1；危害水生环境-急性危害，类别2。

小结： 苯乙烯泄漏源应采用可燃气体探测器。

问 199 丙烯腈泄漏源应采用可燃还是有毒气体探测器？

答： 丙烯腈是列入《高毒物品目录》的有毒液体，涉及丙烯腈蒸气的泄漏源应设置有毒气体探测器。丙烯腈有毒气体浓度报警一级报警值应设定不高于1mg/m³，二级报警值应设定不高于2mg/m³。

‹ **参考1** 《石油化工可燃气体和有毒气体检测报警设计标准》（GB/T 50493—2019）

第2.0.2条 有毒气体是指劳动者在职业活动过程中，通过皮肤接触或呼吸可导致死亡或永久性健康伤害的毒性气体或毒性蒸气。

‹ **参考2** 《石油化工可燃气体和有毒气体检测报警设计标准》（GB/T 50493—2019）

根据该标准附录B，丙烯腈职业接触限值（OEL）为1mg/m³（PC-TWA）。有毒气体的一级报警设定值应小于或等于100%职业接触限值（OEL），有毒气体的二级报警设定值应小于或等于200%职业接触限值（OEL）。当现有探测器的测量范围不能满足测量要求时，有毒气体的一级

169

报警设定值不得超过 5% 直接致害浓度（IDLH），有毒气体的二级报警设定值不得超过 10% 直接致害浓度（IDLH）。

参考 3 根据《石油化工可燃气体和有毒气体检测报警设计标准》研讨会议纪要（全国化控站字〔2020〕6 号、中石化〔2020〕自控站第 04 号），GB/T 50493—2019 中所列的常见有毒气体，依据来自：《高毒物品目录》（卫法监发〔2003〕142 号）所列的 54 种气体或蒸气;《化学品分类和标签规范 第 18 部分：急性毒性》（GB 30000.18—2013）急性毒性危害类别为 1 类及 2 类的急性有毒气体。

参考 4 查《危险化学品分类信息表》，危险化学品序号为 143 的丙烯腈主要危险性类别包括：易燃液体，类别 2；急性毒性 – 经口，类别 3*；急性毒性 – 经皮，类别 3；急性毒性 – 吸入，类别 3；皮肤腐蚀 / 刺激，类别 2；严重眼损伤 / 眼刺激，类别 1；皮肤致敏物，类别 1；致癌性，类别 2；特异性靶器官毒性 – 一次接触，类别 3（呼吸道刺激）；危害水生环境 – 急性危害，类别 2；危害水生环境 – 长期危害，类别 2。

参考 5 查《高毒物品目录》（卫法监发〔2003〕第 142 号），丙烯腈列入目录。

小结： 丙烯腈泄漏源应设置有毒气体探测器。

问 200 氨气浓度检测报警值如何设置?

答： 氨气应根据其职业接触限值（OEL）设置有毒气体检测报警值，一级报警值应小于等于 20mg/m³，二级报警值应小于等于 40mg/m³。

参考 1 《石油化工可燃气体和有毒气体检测报警设计标准》（GB/T 50493—2019）

5.5.2（3）：有毒气体的一级报警设定值应小于或等于 100% 职业接触限值（OEL），有毒气体的二级报警设定值应小于或等于 200% 职业接触限值（OEL）。当现有探测器的测量范围不能满足测量要求时，有毒气体的一级报警设定值不得超过 5% 直接致害浓度（IDLH），有毒气体的二级报警设定值不得超过 10% 直接致害浓度（IDLH）。

参考 2 《石油化工可燃气体和有毒气体检测报警设计标准》（GB/T 50493—2019）

附录 B：氨的职业接触限值（OEL）中，时间加权平均容许浓度（PC-TWA）为 20mg/m³。

小结： 有毒气体根据其职业接触限值（OEL）设置有毒气体检测报警值。

问 201　有毒气体二氧化氮的气体检测报警值是多少？

答： 有毒气体二氧化氮的一级报警设定值应小于或等于 5mg/m³，二级报警设定值应小于或等于 10mg/m³。

> **参考**　《石油化工可燃气体和有毒气体检测报警设计标准》（GB/T 50493—2019）

根据该标准附录 B，二氧化氮职业接触限值（OEL）为 5mg/m³（PC-TWA）。有毒气体的一级报警设定值应小于或等于 100% 职业接触限值（OEL），有毒气体的二级报警设定值应小于或等于 200% 职业接触限值（OEL）。当现有探测器的测量范围不能满足测量要求时，有毒气体的一级报警设定值不得超过 5% 直接致害浓度（IDLH），有毒气体的二级报警设定值不得超过 10% 直接致害浓度（IDLH）。

小结： 有毒气体根据其职业接触限值（OEL）设置有毒气体检测报警值。

问 202　氢氟酸库房需要安装有毒气体报警仪吗？设定值是多少？

答： 氢氟酸属于《高毒物品目录》，急性毒性类别 2，需要设置有毒气体报警仪。

> **参考1**　《石油化工可燃气体和有毒气体检测报警设计标准》（GB/T 50493—2019）

条文说明：2.0.2 本标准中有毒气体的范围是：

（1）《高毒物品目录》（卫法监发〔2003〕142 号）中所列的气体或蒸气；

（2）现行国家标准《化学品分类和标签规范　第 18 部分：急性毒性》GB 30000.18—2013标准中，急性毒性危害类别为 1 类及 2 类的急性有毒气体。

5.5.2　报警值设定应符合下述规定：

3　有毒气体的一级报警设定值应小于或等于 100%OEL，有毒气体的二级报警设定值应小于或等于 200%OEL。

> **参考2**　《工作场所有害因素职业接触限值第 1 部分：化学有害因素》（GBZ 2.1—2019）

氟化氢的 OEL 为 2mg/m³，因此该氟化氢的有毒气体报警仪的一级报警为 2mg/m³（或 2.2ppm），二级报警为 4mg/m³（或 4.4ppm）。

小结： 氢氟酸属于需要设置有毒气体报警仪，其设定值宜为一级报警为 2mg/m³（或 2.2ppm），二级报警为 4mg/m³（或 4.4ppm）。

问 203 乙炔发生单位是否要设置硫化氢检测报警器？

答： 此问题有争议。

首先看一下基础资料。乙炔厂生产乙炔的原料是电石，《碳化钙（电石）》（GB 10665—2004）对电石的质量指标规定如下：详见 3.1 技术要求；

由上表可知，硫化氢含量按粗乙炔气中占比 0.1% 算，磷化氢含量占比按 0.08% 算，即粗乙炔气中硫化氢占比是 1000ppm，粗乙炔气中磷化氢占比是 800ppm。

经查阅郑石子等编著的《聚氯乙烯生产与操作》（见该书 P104 页）可知，粗乙炔中砷化氢与磷化氢的数量级相差百倍，故毒性气体以磷化氢和硫化氢为主。

P104 页：另外，由于湿式发生器温度控制在 85℃左右，有发生双分子乙炔加成生成乙烯基乙炔以及乙硫醚的可能，一般两者含量可达几十个 ppm（即 10^{-6}）以上。

在 85℃反应温度下，由于水的大量气化，粗乙炔气中夹带大量的水蒸气，一般水蒸气：乙炔达 1:1 左右。

有人对湿式发生器（反应温度 0～60℃）的粗乙炔的杂质进行了分析，共有如下一些杂质（单位 mg/kg）：氨 200，磷化氢 400，砷化氢 3，乙硫醚 70，乙烯基乙炔 70。此外，尚存在二乙烯基乙炔、丁间二烯基乙炔、丁二炔和乙二炔等乙炔的热聚产物。

从乙炔的生产工艺流程可知，气柜之后粗乙炔气先要经过净化塔（通常用次氯酸钠溶液吸收）除去乙炔中的磷化氢、硫化氢、砷化氢等杂质，再经碱中和塔除去乙炔气体中的酸性介质。因此，500ppm 最有可能测的是气柜或乙炔发生器内的粗乙炔气。是否意味着就要设置硫化氢检测报警仪？

一种观点是可燃、有毒探测器都要设置，另一种观点是只设置可燃即可。乙炔发生确实含有磷化氢、硫化氢等有毒气体成分，如何设置需具体问题具体分析。

观点 1：只需设可燃气体检测仪

根据《溶解乙炔生产企业安全生产标准化实施指南》（AQ 3039—

2010）第 5.6.4.2 条规定，乙炔厂只要求设可燃检测探头。

电气装置

m）应按照 GB/T 50493—2019 的要求，在乙炔发生器，乙炔压缩机、乙炔充装，乙炔汇流排、实瓶库，电石库、净化装置等区域设置固定式可燃气体检测报警装置。当不具备设置固定式的条件时，应配置便携式检测报警仪。

5.6.4.3 企业应按照 AQ 3013—2008 第 5.5.2.3 条、第 5.5.2.4 条、第 5.5.2.5 条规定执行。

根据《聚氯乙烯生产安全技术规范》（HG/T 30026—2018）第（4）8 条规定，乙炔气岗位也只要求安装可燃可燃气体检测探头。

4.6 与氯气和乙炔气连接、用于检修置换氯气或乙炔气用的氮气管道，应设双阀或 8 字盲板，避免氯气压力过高，阀门内漏时氯气串入到氮气系统中，含氯氮气进入到乙炔系统中造成爆炸。

4.7 进入氯乙烯合成、精馏、聚合系统及气柜区入口，设置人体静电消除装置。4.8 在乙炔气、氯乙烯生产处理和聚合岗位，按 GB/T 50493—2019 安装可燃气体检测报警仪，由资质单位对报警仪定期进行校验；岗位操作工及进入岗位检维修人员，发放防静电服装和防静电鞋。

由于乙炔发生器和气柜正常工作压力较低（约 5kPa），且作业场所要求通风良好。假设极端条件下，粗乙炔气泄漏至空气中浓度达到 25% 时，此时乙炔气体检测报警仪早已爆表满量程。粗乙炔气中硫化氢占比按最高 1000ppm 考虑，当发生粗乙炔气泄漏时，硫化氢在空气中的浓度为 250ppm，磷化氢在空气中的浓度为 200ppm。从《硫化氢职业危害防护导则》（GBZ/T 259—2014）附录 A 可以看出，空气中硫化氢浓度为 200～300ppm 时，人员暴露 1h 可引起严重反应，但不至于引起生命危险。对于低压设备容器，堵漏相对比较容易。人员戴上防毒面具应急处置也无需 1h。同理，也可得出磷化氢中毒可能性较低。因此，中毒的风险可接受。

观点 2：可燃、有毒气体检测仪都要设

由《石油化工可燃气体和有毒气体检测报警设计标准》（GB/T 50493—2019）附录 A 和 B 可知，乙炔的爆炸下限是 2.5%；硫化氢气体的 MAC 值为 10mg/m³（标况下约等于 6.59ppm），磷化氢气体的 MAC 值为 0.3mg/m³（标况下约等于 0.20ppm）。由孙万付主编的《常用危险化学品应急速查手册（第 3 版）》P189 可知，磷化氢的 IDLH：50ppm。根据 GB/T 50493—2019 第 5.5 节相关规定，可燃气体的一级报警值应不大于 25%LEL，即乙炔一级报警值可取 25×2.5×100=6250（ppm）；有毒气体的一级报警值应不大于 100%OEL，二级报警设定值应不大于 200%OEL。当现有探测器的测量范围不能满足测量要求时，有毒气体的一级报警设定值不得超过 5%IDLH，二级报警设定值不得超过 10%IDLH。考虑到可燃、有毒探头检测精度的要求，四舍五入后，硫化氢的一级报警值可取 7ppm（可参见 GB/T 50493—2019 规范附录 B 的截图内容），磷化氢的一级报警值可取 2.5ppm，二级报警值可取 5ppm。

查阅《常用危险化学品应急速查手册》P189 中关于磷化氢的危险性描述。

硫化氢含量按粗乙炔气中占比 0.1% 算，磷化氢含量占比按 0.08% 算，粗乙炔气中的乙炔浓度高于硫化氢约 1000 倍。当泄漏出来的乙炔达到乙炔一级报警值 6250ppm 时，此时硫化氢浓度为 6.25ppm，很接近硫化氢的一级报警值 7ppm；磷化氢浓度为 5ppm，与磷化氢的二级报警值等同。

根据 GB/T 50493—2019 第 3.0.1 条 "在生产或使用可燃气体及有毒气体的生产设施及储运设施的区域内，泄漏气体中可燃气体浓度可能达到报警设定值时，应设置可燃气体探测器；泄漏气体中有毒气体浓度可能达到报警设定值时，应设置有毒气体探测器；既属于可燃气体又属于有毒气体的单组分气体介质，应设有毒气体探测器；可燃气体与有毒气体同时存在的多组分混合气体，泄漏时可燃气体浓度和有毒气体浓度有可能同时达到报警设定值，应分别设置可燃气体探测器和有毒气体探测器。" 的规定，结合本条条文说明，烃类气体浓度高于硫化氢气体浓度 2000 倍以上，可不设硫化氢探测器。

GB/T 50493—2019 第 3.0.1 条条文解释内容如下：

本条要求依据下列要求而提出的：《中华人民共和国职业病防治法》第四条规定："劳动者依法享有职业卫生保护的权利。用人单位应当为劳动者创造符合国家职业卫生标准和卫生要求的工作环境和条件，并采取措施保障劳动者获得职业卫生保护。"

《中华人民共和国职业病防治法》第二十五条规定："对可能发生急性职业损伤的有毒、有害工作场所，用人单位应当设置报警装置、配备现场急救用品、冲洗设备、应急撤离通道和必要的泄险区。"

《使用有毒物品作业场所劳动保护条例》（2002 年 5 月 12 日颁布实施）第十一条（三）中规定："设置有效的通风装置；可能突然泄漏大量有毒物品或者易造成急性中毒的作业场所，设置自动报警装置和事故通风设施。"

石油化工企业的加工与储运过程中，泄漏气体介质的组成，既有单一组分的气体也有多种组分的混合气体；对于同一释放源，不同工况下，泄漏气体介质的理化性质也是不同的，故探测器的选择和布置需要适应各种泄漏工况的检测要求。对于单一组分的气体介质，既属于可燃气体又属于有毒气体时，由于毒性浓度限值低，该气体泄漏时气体浓度会先达到有毒气体浓度报警设定值，故只设有毒气体探测器。

对于多组分的混合气体或不同工况条件下泄漏气体的组成差异大时，为确保生产安全，当该气体浓度可能达到可燃气体浓度报警设定值和（或）有毒气体浓度报警设定值时，需要分别设置可燃气体和（或）有毒气体探测器。

对于含多种有毒气体组分的混合气体或不同工况条件下泄漏气体的组成差异大时，为确保生产安全，当各毒性气体组分的气体浓度可能达到各组分的有毒气体浓度报警设定值时，需要分别设置有毒气体探测器。

按 BP 公司规定（GP 30-85—2009），泄漏气体中待测烃类气体浓度高于硫化氢气体浓度 2000 倍以上时，该气体可不设硫化氢气体探测器。

综上，乙炔厂可能散发粗乙炔气的场所应分别设置乙炔气体探头及硫化氢探头，经净化脱除磷化氢、硫化氢、砷化氢等杂质后的精乙炔气只需设乙炔气体探头即可。[注：ppm 单位转换成 LEL 公式如下：ppm=%LEL×LEL（%，体积分数）×100。例如：25%LEL 的甲烷，它的 LEL 为 5%（体积分数），ppm=25（%LEL）×5（%，体积分数）×100=12500ppm 甲烷。]

小结： 从合规的角度，乙炔发生单位只设可燃气体检测仪有标准支撑；从风险分析的角度，是否同时设置有毒气体检测仪，可分析气体组分后进行判定。

问 204　甲苯应设置可燃气体探测器还是有毒气体探测器？

答： 石油化工行业（依据 GB/T 50493—2019）和石油天然气行业（依据 SY/T 6503—2022）一般场合中，甲苯按可燃气体考虑设置。

判断是否按有毒气体考虑设置，通常原则为：

（1）GB/T 50493—2019 附录 B 列出的气体或蒸气；SY/T 6503—2022 附录 B 列出的气体或蒸气；

（2）《高毒物品目录》（卫法监发〔2003〕142 号）中的气体或蒸气；

（3）GBZ 2.1—2019 中表 1 的介质，且符合 GB 30000.18—2013 中急性毒性 - 吸入 - 类别 1 类及 2 类的气体或蒸气；

（4）《危险化学品目录（2015 版）》中的介质，且符合 GB 30000.18—2013 中急性毒性 - 吸入 - 类别 1 类及 2 类的气体或蒸气；

（5）安监总管三〔2011〕95 号《国家安全监管总局关于公布首批重点监管的危险化学品名录的通知》和安监总管三〔2013〕12 号《国家安全监管总局关于公布第二批重点监管危险化学品名录的通知》中，其对应的安全措施和事故应急处置原则中要求设置有毒气体泄漏检测报警仪的介质。

小结： 甲苯按可燃气体考虑设置。

问 205 环氧乙烷设置有毒气体报警器还是可燃气体报警器？

答： 如果是单一介质，可以按照毒性气体设置探测器，具体参考《石油化工可燃气体和有毒气体检测报警设计规范》（GB/T 50493—2019）附表 C，注意有勘误。

小结： 环氧乙烷应设置有毒气体探测器。

问 206 涉及甲基磺酰氯作业场所要设有毒气体报警器吗？

答： 需要。

‹ 参考 1 查危险化学品分类信息表，甲基磺酰氯危险性类别：急性毒性－经口，类别 3；急性毒性－经皮，类别 3；急性毒性－吸入，类别 1；皮肤腐蚀／刺激，类别 1；严重眼损伤／眼刺激，类别 1；特异性靶器官毒性－一次接触，类别 1；危害水生环境－长期危害，类别 3。

‹ 参考 2 查《石油化工可燃气体和有毒气体检测报警设计标准》（GB/T 50493—2019）条文说明 2 以及中石化自控设计技术中心站和全国化工自控设计技术中心站发布的《石油化工可燃气体和有毒气体检测报警设计标准》研讨会议纪要。

判断是否按有毒气体考虑设置，通常原则为：

（1）GB/T 50493—2019 附录 B 列出的气体或蒸气；SY/T 6503—2022 附录 B 列出的气体或蒸气；

（2）《高毒物品目录》（卫法监发〔2003〕142 号）中的气体或蒸气；

（3）GBZ 2.1—2019 中表 1 的介质，且符合 GB 30000.18—2013 中急性毒性 - 吸入 - 类别 1 类及 2 类的气体或蒸气；

（4）《危险化学品目录（2015 版）》中的介质，且符合 GB 30000.18—

2013 中急性毒性 - 吸入 - 类别 1 类及 2 类的气体或蒸气；

（5）安监总管三〔2011〕95 号《国家安全监管总局关于公布首批重点监管的危险化学品名录的通知》和安监总管三〔2013〕12 号《国家安全监管总局关于公布第二批重点监管危险化学品名录的通知》中，其对应的安全措施和事故应急处置原则中要求设置有毒气体泄漏检测报警仪的介质。

小结：甲基磺酰氯满足急性毒性 - 吸入，类别 1，因此涉及甲基磺酰氯作业场所需要设有毒气体报警器。

问 207 涉及丙烯酰胺作业场所要设有毒气体报警器吗？

具体问题：丙烯酰胺纯品为晶体，现场使用的为 50% 水溶液难挥发，市场也没有对应的探测器。GB/T 50493—2019 也没提物料挥发性（饱和蒸气压）的概念。因丙烯酰胺在《高毒物品目录》内，专家提出要设置有毒气体探测器。

答：此问题有争议。

1. 应该设置有毒气体探测器。理由如下：

（1）《丙烯酰胺在高毒物品目录（2003 年版)》序号 6。

（2）查《危险化学品安全技术全书》可得知其 GHS 危险性类别为急性毒性 - 经口，类别 3；急性毒性 - 经 皮，类别 4；急性毒性 - 吸入，类别 4；其在 50% 水溶液时饱和蒸气压（kPa）为 0.21（84.5℃）。

（3）查《危险化学品分类信息表（2015 版)》，其急性毒性 - 经口，类别 3*。

（4）查《石油化工可燃气体和有毒气体检测报警设计标准》（GB/T 50493—2019）条文说明 2 以及中石化自控设计技术中心站和全国化工自控设计技术中心站发布的《石油化工可燃气体和有毒气体检测报警设计标准》研讨会议纪要。

判断是否设置有毒气体探测器，通常原则为：

（1）辨识该化学品是否列入《高毒物品目录》（卫法监发〔2003〕142 号）；

（2）如未列入该目录，应辨识是否属于《化学品分类和标签规范　第 18 部分：急性毒性》（GB 30000.18—2013）急性毒性危害类别为 1 类及 2 类的急性有毒气体；

（3）参照《危险化学品目录（2015 版）实施指南（试行)》（安监总厅管三〔2015〕80 号）的《危险化学品分类信息表》中危险性类别分类。

结论：丙烯酰胺在高毒物品目录里，检查人员要求设置有毒气体探测器，并无不当。根据危险化学品安全技术全书要求的监测方法：空气中有毒物质测定方法 - 溶液采集 - 气相色谱法。企业可据此灵活运用，以达到现场监测之目的。

2. 不同意见

把丙烯酰胺列为需要有毒气体检测对象，是不正确的。理由如下：

丙烯酰胺的物态为固体或水溶液，在正常储存条件下不会成为气体。GB/T 50493—2019 的适用对象是可燃和有毒气体或蒸汽（包括会产生气体的物质），其研讨会议纪要"《高毒物品目录》卫法监发〔2003〕42 号中所列的 54 种气体或蒸气"，这句话不严谨。高毒物品目录中一共有 54 种物质，包括气体、液体、固体（有不挥发的），当然不会有"54 种气体或蒸气"。另外，空气中的丙烯酰胺，用水吸收后，用气相色谱仪测试，这正好说明丙烯酰胺在正常条件下不会挥发，样品进入气相色谱仪后，通过加热变成气体，才能测试。而且空气中的丙烯酰胺不是以气体形式存在，而是微粒（如同 PM2.5）。所以不能以气相色谱仪检测来判断丙烯酰胺是气体或蒸汽。GB/T 50493—2019 标准正文 2.0.2 及条文说明，明确了《高毒物品目录》（卫法监发〔2003〕142 号）中所列的气体或蒸汽（不是该目录中的所有 54 种物质）是有毒气体，才需要设置有毒气体探测器。

小结： 无气体、蒸汽产生条件，则不需要设置有毒气体探测器；有气体、蒸汽产生条件，则需要设置有毒气体探测器。

问 208 20% 浓度的氨水需要设有毒气体探测器吗？

答： 不需要。

参考 《危险货物品名表》（ GB 12268—2012 ）

表 1，氨溶液（10% ≤氨含量 <35%），联合国编号 2672，其危险性为第 8 类腐蚀性，不是毒性物质，可以不设有毒气体探测器。

小结： 20% 浓度的氨水不需要设有毒气体探测器。

问 209 浓硫酸储罐区是否需要设置泄漏检测报警装置？

答： 不需要。

浓硫酸是液体具有不燃性和较低的急毒等级，同时具有难挥发性，不需要设置泄漏报警装置。

小结： 浓硫酸储罐区不需要设置泄漏检测报警装置。

问 210 原油储罐区需要设置硫化氢气体检测器吗？

答： 不同原油性质不同，应根据原油组分，硫含量确定是否有硫化氢，且操作温度下释放的浓度是否达到规范要求。

‹ **参考** 《石油化工可燃气体和有毒气体检测报警设计标准》（GB/T 50493—2019）

3.0.1 在生产或使用可燃气体及有毒气体的生产设施及储运设施的区域内，泄漏气体中可燃气体改度可能达到报警设定值时，应设置可燃气体探测器；泄漏气体中有毒气体改度可能达到报警设定值时，应设置有毒气体探测器；既属于可燃气体又属于有毒气体的单组分气体介质，应设有毒气体探测器；可燃气体与有毒气体同时存在的多组分混合气体，泄漏时可燃气体浓度和有毒气体浓度有可能同时达到报警设定值，应分别设置可燃气体探测器和有毒气体探测器。

小结： 如果确定原油中含有硫化氢，储存原油的储罐排水口、日常操作阀组等释放源有可能会释放硫化氢，需要设置硫化氢气体检测器。

问 211 天然气调压柜不需要设置气体探测器吗？

答： 视情况而定，相关参考如下：

不适用于GB/T 50493—2019，适用《城镇燃气设计规范》（GB 50028—2006，2020 年版），室外调压箱 / 柜露天布置，无国标行标规范要求设置，因为调压箱 / 柜本身制造标准考虑了自然通风，对于天然气几乎没有聚集的可能；如在建筑物内，行标 CJJ 也是要求室内设置，没有要求箱 / 柜内设置。

问 212 中控室需要安装可燃和有毒气体报警器吗？

答： 空调新风引风口等位置需要。可以参考 SH/T 3006—2012、GB/T 50493—2019 等标准的相关要求。目标气体和装置情况有关系。

‹ **参考 1** 《石油化工控制室设计规范》（SH/T 3006—2012）

4.9.3 控制室的空调引风口、室外门的门斗处、电缆沟和电缆桥架进入建筑物的洞口处，当可燃气体和有毒气体有可能进入时，宜设置可燃气体和有毒气体检测器。

> **参考2** 《石油化工可燃气体和有毒气体检测报警设计标准》（GB/T 50493—2019）

4.4.3 控制室、机柜间的空调新风引风口等可燃气体和有毒气体有可能进入建筑物的地方，应设置可燃气体和（或）有毒气体探测器。

条文说明：控制室、机柜间的空调新风引风口等可燃气体和有毒气体有可能进入建筑物的地方，由于风机的作用，有害气体易通过风机进到室内，危及操作人员身体健康和设备安全，故应设置探测器。

小结： 控制室、机柜间的空调新风引风口等可燃气体和有毒气体有可能进入建筑物的地方，应设置探测器。

问 213 危险废物储存间设置可燃气体报警器有规定明确吗？

答： 首先应确定适用标准。

> **参考1** 《石油化工可燃气体和有毒气体检测报警设计标准》（GB/T 50493—2019）

如适用该标准，则可以参考 3.0.1 条款。

3.0.1 在生产或使用可燃气体及有毒气体的生产设施及储运设施的区域内，泄漏气体中可燃气体浓度可能达到报警设定值时，应设置可燃气体探测器；泄漏气体中有毒气体浓度可能达到报警设定值时，应设置有毒气体探测器；既属于可燃气体又属于有毒气体的单组分气体介质，应设有毒气体探测器；可燃气体与有毒气体同时存在的多组分混合气体，泄漏时可燃气体浓度和有毒气体浓度有可能同时达到报警设定值，应分别设置可燃气体探测器和有毒气体探测器。

> **参考2** 《建筑防火通用规范》（GB 55037—2022）

8.3.3 除住宅建筑的燃气用气部位外，建筑内可能散发可燃气体、可燃蒸气的场所应设置可燃气体探测报警装置。

条文说明：本条规定应设置可燃气体探测报警装置的场所，包括各类生产厂房、仓库中存在散发可燃气体或蒸气的场所、公共建筑中存在散发可燃气体或蒸气的场所等，不包括住宅建筑内的燃气用气部位。

小结： 危废间应该设置可燃气体探测器（不包括住宅建筑内的燃气用气部位）。

问 214 电气开关柜里的六氟化硫气体需要安装有毒气体报警器吗？

答： 不需要。参考如下：

六氟化硫是一种窒息剂，在高浓度下会呼吸困难、喘息、皮肤和黏膜变蓝、全身痉挛。吸入 80% 六氟化硫 +20% 的氧气的混合气体几分钟后，人体会出现四肢麻木，甚至窒息死亡。其在药理上是惰性气体，低毒但对人体有窒息作用。

◀ **参考1** 《3-110kV 高压配电装置设计规范》(GB 50060—2008)

7.3.5　屋内气体绝缘金属开关设备配电装置宜配备 SF6 气体回收装置，低位区应配备 SF6 泄漏报警仪及事故排风装置。

◀ **参考2** 《六氟化硫气体泄漏在线监测报警装置运行维护导则》(DL/T 1555—2016)

本标准规定了六氟化硫气体泄漏在线监测报警装置（以下简称装置）的选型、检验、安装和验收运行监督维护等内容。

本标准适用于室内六氟化硫电气设备工作场所六氟化硫气体泄漏在线监测报警装置的选用和运行维护，其他六氟化硫气体工作场所所用装置可参考使用。

5.1.1　应根据变电站设计和实际需要，选择六氟化硫气体和氧气检测的定量报警装置，六氟化硫气体含量检测宜采用非分光式红外吸收原理，氧气含量检测宜采用固态电解质电化学原理或荧光猝灭原理等。

◀ **参考3** 《六氟化硫电气设备、试验及检修人员安全防护导则》(DL/T 639—2016)

5.3　设备运行中的安全防护

5.3.1　六氟化硫电气设备室与主控室、电缆夹层之间应做气密性隔离。

5.3.2　设备室内应具有良好的通风条件，15min 内换气量应达 3～5 倍的空间体积。抽风应设在室内下部，排气口不应朝向居民住宅、办公室或行人。

5.3.3　设备室应安装六氟化硫气体泄漏监控报警装置，应定期检测空气中六氟化硫浓度和氧含量，采样口安装位置宜离地 20～50cm。当空气中六氟化硫浓度超过 1000μL/L 或氧含量低于 18% 时，仪器应发出报警信号，并进行通风、换气。六氟化硫气体泄漏监控报警装置应每年校验一次。

小结： 电气开关柜里的六氟化硫气体不用装有毒探测器。

问 215 切断阀和调节阀组的泄漏是否属于主要释放源？是否需要安装可燃有毒气体探测器？

答： 不属于。相关参考如下：

◆ **参考1** 《石油化工可燃气体和有毒气体检测报警设计标准》（GB/T 50493—2019）

4.1.3 下列可燃气体和（或）有毒气体释放源周围应布置检测点：

4 经常拆卸的法兰和经常操作的阀门组。

◆ **参考2** 规范编写组的解释（全国化控站字〔2020〕06号，中石化〔2020〕自控站第04号《石油化工可燃气体和有毒气体检测报警设计标准研讨会议纪要》）

3. 释放源判定原则

仪表调节阀是经常动作的阀门，但与4.1.3条"经常操作"定义不一样，仪表调节阀可以不作为释放源考虑。

调节阀作为经常动作的阀门，阀杆密封处都做了相应的密封措施，适合经常动作而不泄漏。调节阀不作为释放源，以此类推，对于正常不动作的切断阀，也可以不作为释放源。

但是，阀门的结构决定了其毕竟有泄漏的可能性，对其应辨证对待，建议对于室内通风不良的环境，调节阀宜作为释放源，设置相应的气体检测器。

小结： 仪表调节阀组和对于正常不动作的切断阀可以不作为释放源考虑，可以不安装气体泄漏检测报警器。

问 216 有限空间作业时有毒气体浓度的职业危害限值单位是 10mg/m³，以硫化氢为例：气体探测器的单位是 ppm，如果探测器检测出硫化氢为 10ppm，该如何换算单位进行判定？

答：《石油化工可燃气体和有毒气体检测报警设计标准》（GB/T 50493—2019）有转换公式 B：

注：对环境大气（空气）中有毒气体浓度的表示方法有两种：质量浓度（每立方米空气中所含有毒气体的质量数，即 mg/m³）和体积浓度（一百万体积的空气中所含有毒气体的体积数，即 ppm 或 μmol/mol）。通常，大部分气体检测仪器测得的气体浓度是体积浓度（ppm）。而我们国家的标

准规范采用的气体浓度为质量浓度单位（mg/m³）。

本标准中，浓度单位 ppm（μmol/mol）与 mg/m³ 的换算关系是：

$$c_{ppm} = \frac{22.4}{M_w} \cdot \frac{T}{273} \cdot \frac{1}{P} \cdot c_{mg/m^3} \qquad （式 B）$$

式中：M_w——气体的分子量（g/mol）；

T——环境温度（K）；

P——环境大气压力（atm）。

注意：0℃和20℃，值不一样。

小结： 被测介质受环境气象温度，大气压的影响，依据当地气象数据将质量浓度换算成体积浓度。

问 217　氨气探头的报警值设置一级是 25ppm、二级是 50ppm，是否符合标准？

答： 符合标准，参考如下：

◁　**参考**　《石油化工可燃气体和有毒气体检测报警设计标准》（GB/T 50493—2019）

第3.0.10条　确定有毒气体的职业接触限值时，应按最高容许浓度、时间加权平均容许浓度、短时间接触容许浓度的优先次序选用。在表中最高容许浓度无描述，应采取优先次序选用原则为时间加权平均容许浓度。按照本标准中，浓度单位 ppm（μmol/mol）与 mg/m³ 的换算公式见问216。

如果年平均环境温度是 20℃，体积浓度 c_{ppm}=（22.4/17）×［（273+20)/273］×（1/1 个大气压）×时间加权平均容许浓度20mg/m³ 的计算；结果按照第55.2 有毒气体的一级报警设定值应小于或等于100%OEL，有毒气体的二级报警设定值应小于或等于200%OEL 的要求，氨一级报警设定限值为28.28ppm，二级报警设定限值为 56.56ppm，设置高报 25ppm 高高报 50ppm 低于设定限值要求，符合国家相关标准。

小结： 氨气探头的报警值设置一级是 25ppm，二级是 50ppm 符合标准要求。

问 218　标准关于检测一氧化碳浓度使用的单位以及探测器量程设置要求分别是什么？

答： 参考《石油化工可燃气体和有毒气体检测报警设计标准》（GB/T

50493—2019）与一氧化碳相关资料，其职业接触限值：PC-TWA（时间加权平均容许浓度）（mg/m³），20；PC-STEL（短时间接触容许浓度）（mg/m³）：30。IDLH（直接致害浓度）（mg/m³）：1700。

国家标准是 mg/m³，通常实际检测时单位是 ppm。《石油化工可燃气体和有毒气体检测报警设计标准》（GB/T 50493—2019）见附录 B。

化工企业选择的一氧化碳探测器标准量程一般为 0～48ppm，低报值 16ppm，高报值 32ppm。

小结： 一氧化碳（CO）探测器的浓度单位 ppm，量程：0～48ppm，报警值设置一级是 16ppm，二级是 32ppm 符合标准要求。

问 219 检测苯的有毒气体探测器报警值如何确定？

具体问题： 苯设置毒气体探测器，报警值 1.8/3.6ppm，按这个理论值是否偏低？当地职业卫生管理部门要求按小的来设置，关键是厂家供货能否满足这个要求吗？

答： 苯的报警值已经发生了变化，根据 GBZT2.1 一号修改单，调低了苯的 OEL，因此报警值不应再引用 50493 的附录，报警值从严要求，应设置为 3mg/m³（一级报警）和 6mg/m³（二级报警），可根据相关要求转化为 PPM（一级报警值约 0.95ppm，二级报警值约 1.9ppm）。

考虑到目前苯检测器的生产实际，可按照 PC-STEL 数值设定报警值，6mg/m³（1.9ppm 一级报警）和 12mg/m³（3.8ppm 二级报警）。

> **参考** 《石油化工可燃气体和有毒气体检测报警设计标准》（GB/T 50493—2019）

第 5.5.2 条 现有探测器的测量范围不能满足测量要求时，有毒气体的一级报警设定值不得超过 5%IDLH，有毒气体的二级报警设定值不得超过 10%IDLH。

从表 B 可以看到苯的其职业接触限值：PC-TWA（时间加权平均容许浓度）（mg/m³）为 6；PC-STEL（短时间接触容许浓度）（mg/m³）为 10。IDLH（直接致害浓度）（mg/m³）：9800。国家标准是 mg/m³，通常实际检测时单位是 ppm。按照本标准中，浓度单位 ppm（μmol/mol）与 mg/m³ 的换算公式见问 216。

如果年平均环境温度是 20℃，体积浓度 c_{ppm}=（22.4/78.11）×[（273+20）/273]×（1/1 个大气压）×时间加权平均容许浓度 6mg/m³ 的计算；结果按照第 1.8ppm，有毒气体的一级报警设定值应小于或等于 100%OEL，有毒气体的二级报警设定值应小于或等于 200%OEL 的要求，有毒气体的测量范围应为 0～300%OEL；苯一级报警设定限值为 1.8ppm，二级报警设定限值为 3.6ppm，苯探测器量程范围：0～6ppm，符合国家相关标准。

如果按照职卫要求选择的苯探测器标准量程：0～6ppm，低报值 1.8ppm，高报值 3.6ppm。

（2）据了解，国内没有厂家能做，标气配不到，德国德尔格与英国科尔康可以做到。

小结： 检测苯设置有毒气体探测器的一级报警设定值不得超过 5%IDLH，二级报警设定值不得超过 10%IDLH。

问 220 设置氧气报警器能检测双氧水泄漏吗？

答： 不建议采用。

检测存储或者使用场所的双氧水泄漏通常用电化学原理双氧水传感器或专用过氧化氢传感器。相关参考如下：

1. 双氧水即过氧化氢，其危险性可引起燃烧或爆炸，强氧化剂，吞咽有害，吸入有害，造成严重的皮肤灼伤和眼损伤，可能引起呼吸道刺激，对水生生物有害。物理和化学危险是助燃，与可燃物混合会发生爆炸。在有限空间中加热有爆炸危险。其属于《易制爆危险化学品名录（2017 年版）》的 6 过氧化物和超氧化物类。

2. 过氧化氢存储或者使用过程中如果泄漏，浓度过高对人身安全、环境安全等会有影响，对存储或者使用场所中空气中过氧化氢做一些预防性安全性监测还是有必要的。

3. 检测存储或者使用场所的双氧水泄漏通常用电化学原理双氧水传感器或专用过氧化氢传感器。因双氧水在一般情况下会缓慢分解成水和氧气，但分解速度极其缓慢，只有和氯气、高锰酸钾等强氧化剂反应被氧化生成氧气，还有遇到有机物、受热分解会放出氧气和水，所以布置氧气报警器检测双氧水泄漏，效果不明显，不建议采用。

小结： 检测存储或者使用场所的双氧水泄漏通常用电化学原理双氧水传感器或专用过氧化氢传感器。

问 221 设置点型红外火焰探测器能否代替可燃气体报警器？

答： 不能替代。

火焰探测器探测火焰，已经发生了火灾事故，不能起到提前预警的效果。可燃气体报警器是可以提前探测、提前预警。

可燃气体探测器，由于厂家标定用的气体类型是固定的，不同的厂家选用的标定的气体有时不同，选择时需要和厂家明确能探测的气体类型，及实际应用时读数转换系数等。

小结： 点型红外火焰探测器不能代替可燃气体报警器。

问 222　有门窗的液氮使用场所有通风要求吗？氧含量探测器报警是否需要参与联锁？

答： 液氮系统运行过程中，存在泄漏或渗漏导致窒息的风险。

出于安全考虑，建议密闭场所设置通风系统，安装含氧量报警并与通风系统进行联锁，室外设置声光报警，降低液氮运行过程中因泄漏引发的安全事故。

问 223　库房可燃气体检测报警信号与事故风机实现联锁的依据是什么？

答： 依据如下：

◀ **参考** 《工业建筑供暖通风与空气调节设计规范》(GB 50019—2015)

第 6.4.6 条　工作场所设置有有毒气体或有爆炸危险气体监测及报警装置时，事故通风装置应与报警装置连锁。

小结： 库房可燃气体检测报警信号与事故风机实现联锁可参考 GB 50019—2015。

问 224　可燃气体探测器用什么介质来标定？

答： 可燃气体探测器标定介质主要参考如下：

◀ **参考** 《可燃气体检测报警器检定规程》(JJG 693—2011)

第 5.1.2.1 条　气体标准物质采用与仪器所测气体种类相同的气体标准物质，如氢、乙炔、甲烷、异丁烷、丙烷、苯、甲醇、乙醇等。若仪器未标注所测气体种类，可以采用异丁烷或者丙烷气体标准物质。标准气体的浓度约为满量程的 10%，40%，60% 及大于报警设定点浓度的气体标准物质。气体标准物质的扩展不确定度不大于 2%（k=2）。也可采用标准气体稀释装置稀释高浓度的气体标准物质，稀释装置的流量示值误差应不大于 ±1%，重复性应不大于 0.5%。气体标准物质的浓度单位在使用时应换算成与被检仪器的表示单位一致。

问 225　对可燃、有毒气体探测器的响应时间有规范要求吗？

答： 有。

响应时间与介质有关，不同介质的响应时间有所区别，主要参考如下：

◁ **参考1** 《作业场所环境气体检测报警仪通用技术要求》（GB 12358—2006）

第 5.3.8 条　响应时间。可燃气体探测器响应时间在 30s 以内；有毒气体氨气、氢氰酸、氯化氢、环氧乙烷、臭氧气体在 160s 以内，磷化氢 100s 以内，其他有毒气体检测报警仪检测与报警响应时间在 60s 以内，氧检测报警仪检测响应时间在 20s 以内，报警响应时间（按 6.9.3.5 测试方法）在 5s 以内；氧气检漏报警仪检测与报警响应时间在 20s 以内。

◁ **参考2** 《多组分有害气体检测报警器》（GB/T 32209—2015）

表 4 响应时间，针对不同的气体探测器形式进行了规定，具体如下表。

表 4　响应时间

检测气体	扩散式响应时间	泵吸式响应时间
CH_4	≤60s	≤30s
CO	≤60s	≤30s
H_2S	≤60s	≤30s
O_2	≤30s	≤20s
SO_2	≤60s	≤30s
NO	≤120s	≤90s
NO_2	≤120s	≤90s
Cl_2	≤120s	≤90s
NH_3	≤180s	≤120s

◁ **参考3** 《氨气检测报警仪技术规范》（AQ/T 3044—2013）

第 5.2 条　响应时间指标要求为：泵吸式不大于 60s，扩散式不大于 90s。

◀ **参考4**　《氯气检测报警仪校准规范》（JJF 1433—2013）

第4.3条　响应时间：扩散式不大于60s，吸入式不大于30s。

因此，建议各单位在执行时，应首先采纳单气体报警器规范要求时间，如无单气体报警器响应标准，应采纳《作业场所环境气体检测报警仪通用技术要求》（GB 12358—2006）的要求。如使用多组分气体探测器，应采纳《多组分有害气体检测报警器》（GB/T 32209—2015）。

GB/T 50493—2019附录D，催化燃烧型和半导体型探测器，响应时间与被测介质有关。

续表 D

项目	催化燃烧型检(探)测器	热传导型检(探)测器	红外气体检(探)测器		半导体型检(探)测器	电化学型检(探)测器	光致电离型检(探)测器	顺磁型	激光型	
			点式	开路					点式	开路
相对响应时间	与被测介质有关	中等	较短		与被测介质有关	中等	较短	短和中等	较短	较短

小结：响应时间与介质有关，不同介质的响应时间有所区别。

问 226 报警分区内可燃（或有毒）气体探头数量超过10个的，如何划分区域声光报警器？

答：相关参考如下：

◀ **参考1**　《石油化工可燃气体和有毒气体检测报警设计标准》（GB/T 50493—2019）

第5.3.1条　可燃气体和有毒气体检测报警系统应按照生产设施及储运设施的装置或单元进行报警分区，各报警分区应分别设置现场区域警报器。区域警报器的启动信号应采用第二级报警设定值信号。区域警报器的数量宜使在该区域内任何地点的现场人员都能感知到报警。

◀ **参考2**　《石油化工可燃气体和有毒气体检测报警设计标准》（GB/T 50493—2019）

第5.3.2条　区域警报器的报警信号声级应高于110dBA，且距警报器1m处总声压值不得高于120dBA。当报警分区内的探测器数量小于10个，现场噪声低于85dBA且现场探测器带有一体化的声、光警报器时，不需设区域警报器；当报警分区内的探测器数量大于 10 个，则需设置区域警报器，可燃气体和有毒气体检测报警系统需按照各可燃气体和有毒气体检测报警系统的警戒范围将装置和单元进行分区，各报警分区宜设置现场区域警报器，现场报警器由探测器的第二级报警信号启动，区域警报器需采用声音和（或）旋光报警，区域警报器的数量应使在该报警区域内任何地点的现场人员都能发觉报警信号。

依据企业的管理要求，设计中可燃气体和有毒气体报警的报警光颜色可以有区别。通常声光警报器的光警报器部分宜采用脉冲告警方式，脉冲闪烁频率宜 60～120 次 /min，室外使用的光警报器有效发光强度一般大于或等于 300cd，厂房内使用的光警报器有效发光强度一般大于或等于 150cd；光警报器的报警颜色一般为：火灾报警为红色、气体报警为蓝色、事故报警为黄色。

小结： 区域警报器的数量宜使在该区域内任何地点的现场人员都能感知到报警。

问 227 在进出口具备区域报警功能的区域报警器，是否还要知道这个区域哪个报警器报警？

答： 没有相应规范有此规定。

相关行业内，如现行 GB/T 50493—2019、SY/T 6503—2022 均未要求实现问题题目的要求。实际应用中通常对于较大的区域，可考虑将"较大区域"分划成若干小区域设置对应区域声光警报器，还可进一步区分可燃及有毒的区域声光警报器，采用不同"声"、"光"加以区别。有利于在现场区分报警范围、确定报警点及报警内容。GB/T 50493—2019 的 5.4、6 章节为室内端要求。

> **参考**　《石油化工可燃气体和有毒气体检测报警设计标准》（GB/T 50493—2019）

5.3.1　可燃气体和有毒气体检测报警系统应按照生产设施及储运设施的装置或单元进行报警分区，各报警分区应分别设置现场区域警报器。区域警报器的启动信号应采用第二级报警设定值信号。区域警报器的数量宜使在该区域内任何地点的现场人员都能感知到报警。

小结： 在进出口具备区域报警功能的区域报警器，没有要求现场必须知道这个区域哪个报警器报警。

问 228 现场检查气体探测器一般会存在哪些问题?

答: 一般会存在以下几种:

1. 缺少: 该安装的区域未设置;

2. 位置错误: 高度或者坐标不能有效覆盖范围;

3. 选型错误: 如 C3、C4 介质使用 CH4 探测器,或者硫化氢泄漏区域选用氨气报警器等。

4. 配置错误: 多组分且有毒和可燃可能同时达到报警值的,只配了一个;

5. 量程错误: 量程和适用的气体不匹配;

6. 量程精度: 量程和标准要求的精度不够;

7. 数量问题: 数量太少,覆盖范围不足;

8. 校验问题: 未按周期进行检测检定或校准;

9. 报警问题: 报警有记录,但未处置;

10. 合规设计: 报警器企业自行安装,未经过专业设计;

11. 报警功能: 声光报警器、区域报警器的安装和使用;

12. 过度设计: 现场报警探测器按固定米数设置,不分析具体情况;

13. 维护维修管理问题: 是否正常投运,是否定期巡检、维护、校准。

问 229 可燃气体报警器分布距离超出保护半径算重大隐患吗?

答: 算重大隐患,相当于设置不足。

◁ **参考** 《化工和危险化学品生产经营单位重大生产安全事故隐患判定标准细化》(安监总管三〔2017〕121 号)

十二、涉及可燃和有毒有害气体泄漏的场所未按国家标准设置检测报警装置,爆炸危险场所未按国家标准安装使用防爆电气设备。

1. 依据 GB /T 50493—2019,企业可能泄漏可燃和有毒有害气体的主要释放源未设置检测报警器,判定为重大隐患。

2. 企业设置的可燃和有毒有害气体检测报警器种类错误(如检测对象错误、可燃或有毒类型错误等),视为未设置,判定为重大隐患。

3. 企业可能泄漏可燃和有毒有害气体的主要释放源设置了检测报警器,但检测报警器未处于正常工作状态(故障、未通电、数据有严重偏差等),判定为重大隐患。

4. 以下情况不判定为重大隐患:

1)可燃和有毒有害气体检测报警器缺少声光报警装置的;

2）可燃和有毒有害气体检测报警器报警信号未发送至 24 小时有人值守的值班室或操作室的；

3）可燃和有毒有害气体检测报警器安装高度不符合规范要求的；

4）可燃和有毒有害气体检测报警器报警值数值、分级等不符合要求的；

5）可燃和有毒有害气体检测报警器报警信息未实现连续记录的；

6）可燃和有毒有害气体检测报警器因检定临时拆除，企业已经制定了相应安全控制措施的；

7）可燃和有毒有害气体检测报警器未定期检定，但未发现报警器有明显问题的。

小结： 可燃气体报警器分布距离超出保护半径算重大隐患。

问 230 聚醚车间分析小屋存放氮气罐未设置氧气报警仪，是否构成重大隐患？

答： 可判定构成了重大隐患。

‹ **参考1** 《化工和危险化学品生产经营单位重大生产安全事故隐患判定标准（试行）》（安监总管三〔2017〕121 号）

第十二条　涉及可燃和有毒有害气体泄漏的场所未按国家标准设置检测报警装置。

‹ **参考2** 《石油化工可燃气体和有毒气体检测报警设计标准》（GB/T 50493—2019）

4.1.6　在生产过程中可能导致环境氧气浓度变化，出现欠氧、过氧的有人员进入活动的场所，应设置氧气探测器。当相关气体释放源为可燃气体或有毒气体释放源时，氧气探测器可与相关的可燃气体探测器、有毒气体探测器布置在一起。

小结： 聚醚车间分析小屋设有氮气罐，未设置氧气检测报警器，可判定为重大隐患。

问 231 企业可燃有毒气体报警器按要求设置，且运行正常，但没有提供检验报告属于重大隐患吗？

答： 不属于。

参考 《危化品重点县专家指导服务手册》《危化品重大事故隐患判定参考》

4. 以下情况不判定为重大隐患：

1）可燃和有毒有害气体检测报警器缺少声光报警装置的；

2）可燃和有毒有害气体检测报警器报警信号未发送至24小时有人值守的值班室或操作室的；

3）可燃和有毒有害气体检测报警器安装高度不符合规范要求的；

4）可燃和有毒有害气体检测报警器报警值数值、分级等不符合要求的；

5）可燃和有毒有害气体检测报警器报警信息未实现连续记录的；

6）可燃和有毒有害气体检测报警器因检定临时拆除，企业已经制定了相应安全控制措施的；

7）可燃和有毒有害气体检测报警器未定期检定，但未发现报警器有明显问题的。

建议企业定期要对可燃有毒报警系统进行检测并确保正常运行。

小结： 企业可燃有毒气体报警器按要求设置，且运行正常，没有提供检验报告不属于重大隐患。

问 232 如何确定氢气探测器安装高度？

具体问题： H_2 探测器按照 GB/T 50493—2019，是安装到释放源上方2m内。这个2m内怎么理解？释放源上方2m以下位置都可以吗？还是必须在1m到2m之间？

答： 建议安装于释放源周围及上方1m的范围内。部分参考标准如下：

参考1 《氢气使用安全技术规程》（GB 4962—2008）

第4.1.7条 氢气有可能积聚处或氢气浓度可能增加处宜设置固定式可燃气体检测报警仪，可燃气体检测报警仪应设在监测点（释放源）上方或厂房顶端，其安装高度宜高出释放源0.5～2m且周围留有不小于0.3m的净空，以便对氢气浓度进行监测。

参考2 《石油化工可燃气体和有毒气体检测报警设计标准》（GB/T 50493—2019）

第4.2.3条 空气轻的可燃气体或有毒气体释放源处于封闭或局部通风不良的半敞开厂房内，除应在释放源上方设置探测器外，还应在厂房内最高点气体易于积聚处设置可燃气体或有毒气体探测器。

第 6.1.1 条　探测器应安装在无冲击、无振动、无强电磁场干扰、易于检修的场所，探测器安装地点与周边工艺管道或设备之间的净空不应小于 0.5m。

第 6.1.2 条　检测比空气轻的可燃气体或有毒气体时，探测器的安装高度宜在释放源上方 2m 内。

条文说明：6.1 探测器安装

检测比空气轻的可燃气体（如甲烷和煤气时），探测器高出释放源所在高度 1～2m，且与释放源的水平距离适当减小至 5m 以内，可以尽快地检测到可燃气体。当检测指定部位的氢气泄漏时，探测器宜安装于释放源周围及上方 1m 的范围内，太远则由于氢气的迅速扩散上升，起不到检测效果。

小结： H_2 探测器安装于释放源周围及上方 1m 的范围内。

问 233　氰化氢气体探测器高度应该设置在 0.3～0.6m 吗？

答： 此说法不准确，氰化氢探测器应安装于距释放源上下 1m 的高度范围内；

◂ **参考**　《石油化工可燃气体和有毒气体检测报警设计标准》（GB/T 50493—2019）

6.1.2　检测比空气重的可燃气体或有毒气体时，探测器的安装高度宜距地坪（或楼地板）0.3～0.6m；检测比空气轻的可燃气体或有毒气体时，探测器的安装高度宜在释放源上方 2.0m 内。检测比空气略重的可燃气体或有毒气体时，探测器的安装高度宜在释放源下方 0.5～1.0m；检测比空气略轻的可燃气体或有毒气体时，探测器的安装高度宜高出释放源 0.5～1.0m。

条文说明：6.1 探测器安装

检测与空气分子量接近且极易与空气混合的有毒气体（如一氧化碳和氰化氢）时，探测器应安装于距释放源上下 1m 的高度范围内；有毒气体比空气稍轻时，探测器安装于释放源上方，有毒气体比空气稍重时，探测器安装于释放源下方；探测器距释放源的水平距离不超过 1m 为宜。

小结： 氰化氢探测器安装于释放源周围及上方 1m 的范围内。

问 234　可燃有毒气体探测仪器距离墙 50cm 依据哪个标准？

答： 经查阅，无相关要求。

◂ **参考 1**　《石油化工可燃气体和有毒气体检测报警设计标准》（GB/T

50493—2019）

第 6.1.1 条 探测器应安装在无冲击、无振动、无强电磁场干扰、易于检修的场所，探测器安装地点与周边工艺管道或设备之间的净空不应小于 0.5m。

无距离墙 50cm 的要求。

> **参考2** 《爆炸性环境用气体探测器 第 2 部分：可燃气体和氧气探测器的选型、安装、使用和维护》（GB/T 20936.2—2017）

8. 固定式气体探测器的设计与安装中未提及需离墙 50cm 的要求。

小结： 没有规范要求可燃有毒气体探测仪器距离墙 50cm，但需要考虑检维修空间。

问 235 RTO 燃烧炉内混合有机物的废气，要求废气的浓度为 25%（LEL），LEL 分析仪的联锁值可设为＜ 25%（LEL）吗？

答： 可以。

蓄热式燃烧装置（RTO）用于将工业有机废气进行燃烧净化处理，并利用蓄热体对待处理废气进行换热升温、对净化后排气进行换热降温的装置。限制进入燃烧炉内废气浓度旨在避免产生闪爆和其他事故。由于 RTO 通常处理的废气组分复杂且多变，考虑到 LEL 分析仪的检测难度，以及工程上的安全裕量，相关标准规范要求废气的浓度＜ 25%（LEL）。若限制废气的 LEL 浓度越低，其工艺可操作性范围会变小。此工况场景 LEL 分析仪选型、LEL 分析仪安装位置、相关联锁阀门安装位置是关键。部分参考标准如下：

> **参考1** 《蓄热燃烧法工业有机废气治理工程技术规范》（HJ 1093—2020）

第 6.5.1 条 当废气浓度波动较大时，应对废气进行实时监测，并采取稀释、缓冲等措施，确保进入蓄热燃烧装置的废气浓度低于爆炸极限下限的 25%。

> **参考2** 《蓄热式焚烧炉系统安全技术要求》（DB32/T 4700—2024）

第 4.3.4.2 条 进入蓄热式焚烧炉的有机物浓度应低于其爆炸极限下限的 25%。对于含有混合有机物的废气，其控制浓度 P 应低于最易爆组分或混合气体爆炸极限下限最低值的 25%，即 $P ＜ (P_c, P_m)\ \min \times 25\%$，$P_c$ 为最易爆组分爆炸极限下限（%），P_m 为混合气体炸极限下限（%）。

第 4.3.4.3 条 在蓄热式焚烧炉系统进口管道上，应根据风险识别结果设置 LEL 在线探测器，应冗余设置。LEL 在线探测器与进入蓄热式焚烧炉系统的废气切断阀、新风阀、紧急排放阀联动，对废气进行安全处理，确保进入蓄热式焚烧炉的废气浓度平稳且低于爆炸下限的 25%。

小结： 需要保证废气浓度平稳且低于爆炸下限的 25%。

问 236 对便携式气体检测报警器配备标准有什么具体要求?

答： 相关要求如下：

1. 应急物资配备的要求

‹ **参考1** 《应急管理部关于印发〈化工园区安全风险排查治理导则（试行）〉和〈危险化学品企业安全风险隐患排查治理导则〉的通知》（应急〔2019〕78 号）中应急与消防安全风险隐患排查表应急器材与设施中第 4 项企业存在可燃、有毒气体的区域应配备便携式探测器，并定期检定。

‹ **参考2** 《危险化学品单位应急救援物资配备要求》（GB 30077—2013）

6.1 作业场所救援物资配备标准要求需根据作业场所的气体确定气体浓度探测器，数量 2 台。

2. 日常作业要求

‹ **参考3** 《石油化工可燃气体和有毒气体检测报警设计标准》（GB/T 50493—2019）

3.0.6 需要临时检测，宜配备移动式气体探测器；

3.0.7 进入爆炸性气体环境或有毒气体环境的现场工作人员，应配备便携式可燃气体和（或）有毒气体探测器。

进入的环境同时存在爆炸性气体和有毒气体时，便携式可燃气体和有毒气体探测器可采用多传感器类型。详见 3.0.6/3.0.7 条文说明。

‹ **参考4** 《危险化学品重大危险源监督管理暂行规定》

第二十条 第二款对存在吸入性有毒、有害气体的重大危险源，危险化学品单位应当配备便携式浓度检测设备、空气呼吸器、化学防护服、堵漏器材等应急器材和设备；涉及剧毒气体的重大危险源，还应当配备两套以上（含本数）气密型化学防护服；涉及易燃易爆气体或者易燃液体蒸气的重大危险源，还应当配备一定数量的便携式可燃气体检测设备。

小结： 作业场所救援物资配备 2 台便携式探测器，日常作业人员进入可燃气体有毒气体的场所应随身携带。

问 237 如何解决探测器报警值设置太低经常误报的问题？

具体问题：《石油化工可燃气体和有毒气体检测报警设计标准》（GB/T 50493—2019）附录 B 常见有毒气体、蒸汽特性表中，环氧乙烷 OEL 换算后就是 1.11ppm。因其报警值设置太低经常误报，会使值班人员产生思想麻痹，此问题普遍存在如何解决？

答：（1）《石油化工可燃气体和有毒气体检测报警设计标准》(GB/T 50493—2019) 有说明，如果现有技术无法满足 OEL，可以根据 IDLH 设置报警值。

5.5.2 报警值设定应符合下列规定：

1 可燃气体的一级报警设定值应小于或等于 25%LEL。

2 可燃气体的二级报警设定值应小于或等于 50%LEL。

3 有毒气体的一级报警设定值应小于或等 100%OEL，有毒气体的二级报警设定值应小于或等于 200%OEL。当现有探测器的测量范围不能满足测量要求时，有毒气体的一级报警设定值不得超过 5%IDLH，有毒气体的二级报警设定值不得超过 10%IDLH。

5.2.2 可燃气体及有毒气体探测器的选用，应根据探测器的技术性能、被测气体的理化性质、被测介质的组分种类和检测精度要求、探测器材质与现场环境的相容性、生产环境特点等确定。

（2）GB/T 50493—2019 5.5.2 条文说明，对于某些有毒气体而言，如丙烯腈蒸气，受仪表制造技术条件所限，难以在满足现行国家职业卫生标准《工作场所有害因素职业接触限值第 1 部分：化学有害因素》要求的浓度限值的条件下进行测量，为尽量做到保护现场工作人员的安全，本规范规定：当现有探测器的测量范围不能满足测量要求时，有毒气体的报警（高高限）设定值不得超过 10%IDLH 值。

建议广泛咨询厂家，环氧乙烷是否属于受仪表制造技术条件所限难以满足现行国家职业卫生标准《工作场所有害因素职业接触限值第 1 部分：化学有害因素》要求的浓度限值的条件下进行测量，如果确认确实如此，可以适当调整测量范围和报警值，应符合 GB/T 50493—2019 5.5.2 条的规定。

小结： 探测器报警值设置太低经常误报，可以根据 IDLH 设置报警值。

问 238 气体探测器出厂有合格证，首次使用是否要先校验?

答: 查阅出厂校验证书是否在有效期。

（1）合格证是报警器满足制造标准的符合性证明，检定证书是报警器满足计量标准的证明。合格证并不能代替检定证书。气体探测器出厂带校准证书的，只要校准证书在有效期内，一般不需要再检测；如果出厂带检定证书，首先要看检定单位的授权经营范围，只要使用地区或行业在检定单位的授权范围中，可以直接使用，如不在授权地区或者行业中使用，则需要重新检定。

（2）出厂只有合格证的、使用前要进行计量检测。型式检测报告不能替代计量检测报告。这个规定是适用于一些计量设备的，对于化工生产来说，诸如热电偶、点位差计、各类流量计，包括防爆电气的性能是有检测要求的，规范的企业实际工作中有落实，实际上计量器具的管理条文主要还是在计量管理的相关规定中。

小结: 合格证并不能代替检定证书。气体探测器出厂带校准证书的，只要校准证书在有效期内，一般不需要再检测。

问 239 对可燃有毒气体探测器检定、使用寿命、检验周期有什么要求?

答: 分为以下三个问题进行答复:

（1）是否需要强制检定?

根据《国家市场监督管理总局公告》（2020 年第 42 号），有毒有害、易燃易爆气体检测（报警）仪未列入强制检定目录，但根据《中华人民共和国安全生产法》（2021 年 9 月 1 日修改）、《关于危险化学品企业贯彻落实〈国务院关于进一步加强企业安全生产工作的通知〉》（安监总管三〔2010〕186 号）等相关条款，有毒有害、易燃易爆气体检测（报警）仪作为安全设备、仪器仪表的一种，应当进行定期检定 / 校准，但不需要强制检定。

（2）使用寿命

可燃气体探测器的使用寿命的长短是由传感器直接决定。在实际生产中，可燃有毒气体探测器的使用寿命，要确保可靠性兼顾经济性，应参照其选型及说明书、平均无故障时间（MTBF）、技术附件要求的使用寿命、结合其失效数据、日常校准误差和定期检定结果等要素，确定其推荐使用寿命。

特殊产品，光敏光纤元件寿命，参考相关标准见《火灾探测报警产品的维修保养与报废》（GB 29837—2013）第 6.1.1 条可燃气体探测器中气敏元件、光纤产品中激光器件的使用寿命不超过 5 年。可燃气体探测器的气敏元件达到生产企业规定的寿命年限或检定不合格时应及时维修更换。

（3）检验周期及资质要求

检定及校准，根据《应急管理部关于印发〈化工园区安全风险排查治理导则（试行）〉和〈危险化学品企业安全风险隐患排查治理导则〉的通知》（应急〔2019〕78 号）中仪表安全风险隐患排查表之气体检测报警管理要求，可燃、有毒气体检测报警器按规定周期进行检定或校准，周期一般不超过一年。

《中华人民共和国安全生产法》第三十六条生产经营单位必须对安全设备进行经常性维护、保养，并定期检测，保证正常运转。维护、保养、检测应当作好记录，并由有关人员签字。在用气体检测报警仪应定期进行检定 / 校准，检定的应取得检定证书，校准的应对校准结果进行符合性确认，合格后方可继续使用。使用中校验或标定周期：

a）零点检验，至少六个月一次或常规检查零点不正常时；

b）示值误差检验，至少六个月一次或超量程检测后；

c）响应时间检验，至少六个月一次或超量程检测后；

d）气体报警系统各项功能全面检验，至少六个月一次。

检定 / 校准的机构和人员资质要求，机构应取得国家认可的检定 / 校准授权，人员应取得国家和行业规定的上岗资质，检定 / 校准用标准气体、设备、方法等应符合规范要求，量值传递应满足溯源要求。

问 240 如何处理气体探测器零点漂移问题？

答： 影响报警器零点漂移的原因有很多。

首先气体探测器的核心元件是传感器，其次是使用的环境，看现场是不是气体腐蚀性特别强，报警器安装在是室内还是室外，是否受天气影响。

根据《可燃气体检测报警器》（JJG 693—2011）第 3 条，可燃气体报警器允许有 ±3%FS 的漂移零点值，超过这个允许值的范围，及时联系相关人员检测处理。定期校验检查时消除零点漂移的有效措施，企业应制定相关管理规定，定期对报警器零点和量程核对，避免零点漂移造成的测量误差。比如中石化对报警器的管理要求，每一个月维护人员检查核对一次报警器的零点，每半年用标准气体检查一次报警器的量程，零飘问题基本得到解决。

问 **241** 可燃气体、有毒气体探测器出现漂移数值，规范允许量是多少？还是只要出现漂移数据就要校准归"0"？

答： 漂移是探测器的一种常见现象，只要不超过规范允许值可正常使用。

> **参考1** 《可燃气体检测探测器》第1号修改单（JJG 693—2011/XG1—2011）

表1　可燃气体探测器的零点漂移不得超过 ±3%FS，量程漂移不得超过 ±2%FS。

表1　计量性能要求

项目	要求	
示值误差	±5%FS	
重复性	≤2%	
响应时间	扩散式	≤60s
	吸入式	≤30s
漂移	零点漂移	±3%FS
	量程漂移	±2%FS

注："FS"表示仪器的满量程，下同

> **参考2** 《硫化氢气体检测仪检定规程》（JJG 695—2019）

规定了硫化氢气体探测器的零点漂移不得超过 ±2%FS，量程漂移不得超过 ±3%FS。

> **参考3** 《氨气检测仪检定规程》（JJG 1105—2015）

第3.4.1条　分析仪、探测器的零点漂移分别不超过 ±1%FS、±2%FS。

第3.4.2条　分析仪、探测器的量程漂移分别不超过 ±2%FS、±3%FS。

> **参考4** 《二氧化硫气体检测仪检定规程》（JJG 551—2021）、《一氧化碳检测仪检定规程》（JJG 915—2008）、《气体检测报警仪安全使用及维护规程》（T/CCSAS 015—2022）等相关规定不再一一列举。

仪器的漂移包括零点漂移和量程漂移，皆为需要检定项目，按相关规程要求检定合格的仪器，发给检定证书；检定不合格的仪器，发给检定结果。仪器的检定周期一般不超过 1 年。对仪器测量数据有怀疑、仪器更换了主要部件或修理后应及时送检。

建议参照检定规程 / 校准规范的相关要求，定期对气体检测报警仪和报警系统进行检验。检验内容及周期包括：

a) 零点检验，至少六个月一次或常规检查零点不正常时；

b) 示值误差检验，至少六个月一次或超量程检测后；

c) 响应时间检验，至少六个月一次或超量程检测后；

d) 气体报警系统各项功能全面检验，至少六个月一次。

用于受限空间、动火等特殊作业的探测器，使用前应进行检验。

小结： 建议参照检定规程 / 校准规范的相关要求，定期对气体检测报警仪和报警系统进行检验。

问 242 国家最新出台的《实施强制管理的计量器具目录》里，有毒有害气体探测器没要求强检，企业是不是就不用年检？

答： 应急管理部第 78 号文《危险化学品企业安全风险隐患排查治理导则》的要求，可燃、有毒气体探测器应按规定进行检定或校准，周期一般不超过一年。也就是说，企业应当按照 78 号文的精神要求，必须按期定检。并留存定检报告，以备检查。

可燃有毒气体探测器的校准问题，取消强制检定是指不再要求法定计量机构（省市计量院）检定。企业可以每年找第三方检测机构（至少有 CNAS 认证）开展校准一次，一年内企业内部可自行校准多次。原来强检，现在校准，但是周期不变。

小结： 可燃、有毒气体探测器一年检定一次。

?

附件

主要参考的法律法规及标准清单

序号	标准编号	标准名称	有效版本
A	国家标准（GB）		
一	仪表部分		
1	GB/T 2624.1	用安装在圆形截面管道中的差压装置测量满管流体流量 第1部分：一般原理和要求	2006
2	GB/T 2624.2	用安装在圆形截面管道中的差压装置测量满管流体流量 第2部分：孔板	2006
3	GB/T 2624.3	用安装在圆形截面管道中的差压装置测量满管流体流量 第3部分：喷嘴和文丘里喷嘴	2006
4	GB/T 2624.4	用安装在圆形截面管道中的差压装置测量满管流体流量 第4部分：文丘里管	2006
5	GB/T 2625	过程检测和控制流程图用图形符号和文字代号	1981
6	*GB 3100	国际单位制及其应用	1993
7	*GB/T 3836.1 （IEC 60079-0:2017, MOD）	爆炸性环境 第1部分：设备 通用要求	2021
8	*GB/T 3836.2 （IEC 60079-1:2014, MOD）	爆炸性环境 第2部分：由隔爆外壳"d"保护的设备	2021
9	*GB/T 3836.3 （IEC 60079-7:2015, IDT）	爆炸性环境 第3部分：由增安型"e"保护的设备	2021
10	*GB/T 3836.4 （IEC 60079-11:2011, MOD）	爆炸性环境 第4部分：由本质安全型"i"保护的设备	2021
11	GB/T 3836.5 （IEC 60079-2:2014, MOD）	爆炸性环境 第5部分：由正压外壳型"p"保护的设备	2021
12	*GB 3836.8 （IEC 60079-15:2017, MOD）	爆炸性环境 第8部分：由"n"型保护的设备	2021
13	*GB 3836.14 （IEC 60079-10-1:2008, IDT）	爆炸性环境 第14部分：场所分类 爆炸性气体环境	2014
14	GB/T 3836.15 （IEC 60079-14:2013, MOD）	爆炸性环境 第15部分：电气装置的设计、选型和安装规范	2017

续表

序号	标准编号	标准名称	有效版本
15	GB/T 3836.16 （IEC 60079-17:2023，MOD）	爆炸性环境　第16部分：电气装置的检查与维护规范	2022
16	GB/T 3836.18 （IEC 60079-25:2020，MOD）	爆炸性环境　第18部分：本质安全电气系统	2024
17	GB/T 4208 （IEC 60529:2013，IDT）	外壳防护等级（IP代码）	2017
18	GB/T 4213	气动调节阀	2008
19	GB/T 30094	工业以太网交换机技术规范	2013
20	*GB 50058	爆炸危险环境电力装置设计规范	2014
21	GB/T 50087	工业企业噪声控制设计规范	2013
22	*GB 50093	自动化仪表工程施工及质量验收规范	2013
23	*GB 50016	建筑设计防火规范（2018年版）	2008
24	*GB 50160	石油化工企业设计防火标准（2018年版）	2008
25	*GB 51283	精细化工企业工程设计防火标准	2020
26	*GBZ 1	工业企业设计卫生标准	2010
27	TSG 21	固定式压力容器安全技术监察规程	2016
28	GB/T 50493	石油化工可燃和有毒气体检测报警设计标准	2019
29	GBZ 2.1	工作场所有害因素职业接触限值　第1部分：化学有害因素	2019
30	GBZ 223	工作场所有毒气体检测报警装置设置规范	2009
31	GBZ/T 259	硫化氢职业危害防护导则	2014
32	*GB 50074	石油库设计规范	2014
33	*GB 50737	石油储备库设计规范	2011
34	*GB 50030	氧气站设计规范	2013
35	*GB 50031	乙炔站设计规范	2013
36	*GB 50041	锅炉房设计标准	2020
37	*GB 50028	城镇燃气设计规范（2020年版）	2006
38	*GB/T 50779	石油化工建筑物抗爆设计标准	2022
39	*GB 50984	石油化工工厂布置设计规范	2014
40	*GB 50351	储罐区防火堤设计规范	2014

续表

序号	标准编号	标准名称	有效版本
41	GB/T 50892	油气田及管道工程仪表控制系统设计规范	2013
42	GB/T 50770	石油化工安全仪表系统设计规范	2013
43	GB/T 21109.1	过程工业领域安全仪表系统的功能安全 第1部分：框架、定义、系统、硬件和应用编程要求	2022
44	GB/T 21109.2	过程工业领域安全仪表系统的功能安全 第2部分：GB/T 21109.1—2022的应用指南	2023
45	GB/T 21109.3	过程工业领域安全仪表系统的功能安全 第3部分：确定要求的安全完整性等级的指南	2007
46	*GB 29837	火灾探测器 产品维修保养与报废	2013
47	*GB 12358	作业场所环境气体检测用报警仪器通用技术要求	2016
48	GB/T 32209	多组分有害气体检测报警器	2015
49	*GB 4962	氢气使用安装技术规程	2008
二	电气部分		
1	*GB 50052	供配电系统设计规范	2009
2	*GB 50053	20kV及以下变电所设计规范	2013
3	*GB 50057	建筑物防雷设计规范	2010
4	*GB 50059	35～110kV变电站设计规范	2011
5	*GB 50303	建筑电气工程施工质量验收规范	2015
6	*GB 50168	电气装置安装工程 电缆线路施工及验收标准	2018
7	*GB 50169	电气装置安装工程 接地装置施工及验收规范	2016
8	*GB 50171	电气装置安装工程 盘、柜及二次回路接线施工及验收规范	2012
9	*GB 50257	电气装置安装工程 爆炸和火灾危险环境电气装置施工及验收规范	2014
10	*GB 50217	电力工程电缆设计规范	2018
11	*GB 50944	防静电工程施工与质量验收规范	2013
12	*GB 12158	防止静电事故通用导则	2012
13	GB/T 39587	静电防护管理通用要求	2020
14	GB/T 2893.5	图形符号 安全色和安全标志 第5部分 安全标志使用原则与要求	2020

序号	标准编号	标准名称	有效版本
15	*GB 2894	安全标志及其使用导则	2008
16	GB/T 31989	高压电力用户用电安全	2015
17	*GB 26860	电力安全工作规程　发电厂和变电站电气部分	2011
18	GB/T 13869	用电安全导则	2017
19	GB/T 17045	电击防护　装置和设备的通用部分	2020
20	12D401-3	爆炸危险环境电气线路和电气设备安装	2012
21	*GB 3883.1	手持式可移式电动工具和园林工具的安全第1部分通用要求	2014
22	GB/T 3787	手持式电动工具的管理、使用、检查和维修安全技术规程	2017
23	*GB 9448	焊接与切割安全	1999
24	*GB 50650	石油化工装置防雷设计规范	2011
25	GB/T 32938	防雷装置检测服务规范	2016
26	*GB 55024	建筑电气与智能化通用规范	2022
27	GB/T 50194	建筑工程施工现场供用电安全规范	2014
28	GB/T 50484	石油化工建设工程施工安全技术标准	2019
29	GB/T 33000	企业安全生产标准化基本规范	2016
30	*GB 30871	危险化学品企业特殊作业安全规范	2022
31	GB/T 51410	建筑防火封堵应用技术标准	2020
32	GB/T 29328	重要电力用户供电电源及自备应急电源配置技术规范	2018
33	GB/T 50312	综合布线系统工程验收规范	2016
34	*GB 50872	水电工程设计防火规范	2014
35	GB/T 32893	10kV及以上电力用户变电站运行管理规范	2016
36	GB/T 37136	电力用户供配电设施运行维护规范	2018
37	GB/T 31989	高压电力用户用电安全	2015
38	*GB 26859	电力安全工作规程　电力线路部分	2011
39	GB/T 43456	用电检查规范	2023
40	*GB 50055	通用用电设备配电设计规范	2011
41	*GB 50229	火力发电厂与变电站设计防火标准	2019
43	*GB 12268	危险货物品名表	2012
44	*GB 50151	泡沫灭火系统设计规范	2021
45	*GB 50347	干粉灭火系统设计规范	2004

续表

序号	标准编号	标准名称	有效版本
46	GB/T 50759	油气回收处理设施技术标准	2022
47	*GB 50195	发生炉煤气站设计规范	2013
48	*GB 50457	医药工业洁净厂房设计标准	2019
49	*GB 50426	印染工厂设计规范	2016
50	*GB 50156	加氢站技术规范（2021年版）	2010
51	*GB 50370	气体灭火系统设计规范	2005
52	*GB 50235	工业金属管道工程施工规范	2010
53	*GB 51102	压缩天然气供应站设计规范	2015
54	GB/T 156	标准电压	2017
B	石化行业标准（SH）		
一	仪表部分		
1	SH/T 3005	石油化工自动化仪表选型设计规范	2016
2	SH/T 3020	石油化工仪表供气设计规范	2013
3	SH/T 3021	石油化工仪表及管道隔离和吹洗设计规范	2013
4	SH/T 3126	石油化工仪表及管道伴热和绝热设计规范	2013
5	SH/T 3019	石油化工仪表管道线路设计规范	2016
6	SH/T 3081	石油化工仪表接地设计规范	2019
7	SH/T 3082	石油化工仪表供电设计规范	2019
8	SH/T 3101	石油化工流程图图例	2017
9	SH/T 3104	石油化工仪表安装设计规范	2013
10	SH/T 3105	石油化工仪表管线平面布置图图例符号及文字代号	2018
11	SH/T 3164	石油化工仪表系统防雷设计规范	2021
12	SH/T 3199	石油化工压缩机控制系统设计规范	2018
13	SH/T 3551	石油化工仪表工程施工及质量验收规程	2024
14	SH/T 3007	石油化工储运系统罐区设计规范	2014
15	SH 3136	液化烃球形储罐安全设计规范	2003
16	SH/T 3183	石油化工动力中心自动化系统设计规范	2017
17	SH/T 3184	石油化工罐区自动化系统设计规范	2017
18	SH/T 3188	石油化工PROFIBUS控制系统工程设计规范	2017
19	SH/T 3198	石油化工空分装置自动化系统设计规范	2018
20	SH/T 3047	石油化工企业职业安全卫生设计规范	2021

续表

序号	标准编号	标准名称	有效版本
二	电气部分		
1	SH/T 3097	石油化工静电接地设计规范	2017
2	SH/T 3552	石油化工电气工程施工及质量验收规范	2021
3	SH/T 3556	石油化工工程临时用电配电箱安全技术规范	2015
4	SH/T 3038	石油化工装置电力设计规范	2017
5	SH 3012	石油化工金属管道布置设计规范	2011
C	化工行业标（HG）		
1	HG/T 20507	自动化仪表选型设计规范	2014
2	HG/T 20508	控制室设计规范	2014
3	HG/T 20509	仪表供电设计规范	2014
4	HG/T 20510	仪表供气设计规范	2014
5	HG 20511	信号报警及联锁系统设计规范	2014
6	HG/T 20512	仪表配管配线设计规范	2014
7	HG/T 20513	仪表系统接地设计规范	2014
8	HG/T 20514	仪表及管线伴热和绝热保温设计规范	2014
9	HG/T 20515	仪表隔离和吹洗设计规范	2014
10	HG/T 20516	自动分析器室设计规范	2014
11	HG/T 20700	可编程序控制器系统工程设计规范	2014
12	HG/T 20573	分散型控制系统工程设计规范	2012
13	HG/T 21581	自控安装图册	2012
14	HG/T 20675	化工企业静电接地设计规程	1990
15	HG 20571	化工企业安全卫生设计规范	2014
D	石油行业标准（SY）		
1	SY/T 7354	本安型人体静电消除器安全规范	2017
2	SY/T 4129	输油输气管道自动化仪表工程施工技术规范	2014
3	SY/T 6503	石油天然气工程可燃气体和有毒气体检测报警系统安全规范	2022
4	SY/T 7700	油气田及管道工程仪表控制系统设计规范	2023
5	SY/T 7385	油气田防静电安全技术规范	2017
E	机械行业标准（JB）		
	JB/T 6804	抗震压力表	2006

续表

序号	标准编号	标准名称	有效版本
F	安全行业标（AQ）		
1	AQ 3009	危险场所电气防爆安全规范	2007
2	AQ 3013	危险化学品从业单位安全标准化通用规范	2008
3	AQ 3034	化工过程安全管理导则	2022
4	AQ 3044	氨气检测报警仪技术规范	2013
5	AQ 3053	立式圆筒形钢制焊接储罐安全技术规程	2015
6	AQ 3059	化工企业液化烃储罐区安全管理规范	2023
G	电力行业标（DL）		
1	DL 5109.1	电力建设安全工作规程　第1部分：火力发电	2014
2	DL 5190.5	电力建设施工技术规范　第5部分：管道及系统	2019
3	DL/T 853	带电作业用绝缘垫	2015
4	DL/T 969	变电站运行导则	2005
5	DL/T 639	六氟化硫电气设备、试验及检修人员安全防护导则	2016
6	DL/T 1555	六氟化硫气体泄漏在线监测报警装置运行维护导则	2016
H	建筑行业标（JGJ）		
1	JGJ/T 46	建筑与市政工程施工现场临时用电安全技术标准	2024
2	JGJ 242	住宅建筑电气设计规范	2011
I	计量检定标（JJG）		
1	JJG 693	可燃气体检测报警器	2011
2	JJG 695	硫化氢气体探测仪检定规程	2019
3	JJG 551	二氧化硫气体检测仪检定规程	2021
4	JJG 915	一氧化碳检测探测仪检定规程	2008
5	JJG 1105	氨气探测仪检定规程	2015
6	JJG 52	弹性元件式一般压力表、压力真空表和真空表检定规程	2013
7	JJF 1433	氯气检测报警仪校准规范	2013
J	环境标准（HJ）		
	HJ 1093	蓄热燃烧法工业有机废气治理工程技术规范	2020

续表

序号	标准编号	标准名称	有效版本
K	地方标准（DB）		
1	DB11/T 527	变配电室安全管理规范	2008
2	DB32/T 4700	蓄热式焚烧炉系统安全技术要求	2024
3	DB13/T 5164	变配电室安全管理规范	2022
L	团体标准（TB）		
1	T/CCSAS 015	气体检测报警仪安全使用及维护规程	2022
2	T/CCSAS 045	安全仪表功能（SIF）安全完整性等级（SIL）验证导则	2023
M	部门规章		
1	安监总宣教〔2014〕139号	《国家安全监管总局关于印发特种作业安全技术实际操作考试标准及考试点设备配备标准（试行）的通知》附件《化工自动化控制仪表作业安全技术实际操作考试标准》	
2	国市监检测发〔2021〕16号	《市场监管总局关于进一步加强国家质检中心管理的意见》	
3	安全监管总局令第40号	《危险化学品重大危险源监督管理暂行规定》	
4	市监检测发〔2021〕55号	《市场监管总局办公厅关于国家产品质量检验检测中心及其所在法人单位资质认定等有关事项的通知》	
5	安委〔2020〕3号	国务院安全生产委员会关于印发《全国安全生产专项整治三年行动计划》的通知	
6	安监总管三〔2017〕121号	《化工和危险化学品生产经营单位重大生产安全事故隐患判定标准（试行）》	
7	中国气象局令〔2013〕第24号	《防雷减灾管理办法（修订）》	
8	国家安全监管总局公告〔2015〕第5号	《危险化学品目录（2015版）》	
9	应急〔2019〕78号	《危险化学品企业安全风险隐患排查治理导则》	
10	安监总管三〔2014〕68号	《国家安全监管总局关于进一步加强化学品罐区安全管理的通知》	
11	安监总管三〔2013〕76号	《国家安全监管总局　住房城乡建设部关于进一步加强危险化学品建设项目安全设计管理的通知》	

续表

序号	标准编号	标准名称	有效版本
12	安监总管三〔2013〕88号	《国家安全监管总局关于加强化工过程安全管理的指导意见》	
13	安监总管三〔2012〕103号	《国家安全监管总局关于印发危险化学品企业事故隐患排查治理实施导则的通知》	
14	安监总管三〔2014〕94号	《国家安全监管总局关于加强化工企业泄漏管理的指导意见》	
15	原化工部、技术监督局[88]化生字第806号	《化学工业计量器具分级管理办法（试行）》	
16	国办发〔2016〕88号	《国务院办公厅关于印发危险化学品安全综合治理方案的通知》	
17	安监总厅管三〔2015〕80号	《危险化学品目录（2015版）实施指南（试行）》	
18	应急〔2022〕52号	《危险化学品生产建设项目安全风险防控指南（试行）》	
19	安监总管三〔2011〕95号	《国家安全监管总局关于公布首批重点监管的危险化学品名录的通知》	
20	安监总管三〔2013〕12号	《国家安全监管总局关于公布第二批重点监管危险化学品名录的通知》	
21	卫法监发〔2013〕142号	《高毒物品目录》	
22	全国化控站字〔2020〕6号、中石化〔2020〕自控站第04号	《石油化工可燃气体和有毒气体检测报警设计标准》研讨会议纪要	

注：*为强制性规范和标准，或含有强制性条文。